高等职业院校前沿技术专业特色教材

无人机防控技术

◎ 主　编　李立欣　王大伟
副主编　安向阳　胡强

清华大学出版社
北京

内 容 简 介

随着无人机行业的迅猛发展,无人机安全事件频繁发生,无人机防控逐渐成为重点工作。本书重点讲述无人机防控的原理和实际操作,读者不仅能够了解无人机防控的基础原理知识,更可以学习无人机防控实操技能。本书共七章内容,第一章讲述了无人机的发展、分类、系统组成等,为后续探测、反制手段提供原理基础;第二章讲述无人机控制原理;第三章以无人机防控概论为主;第四章讲述了无人机探测技术;第五章讲述了四种捕获摧毁类无人机反制技术;第六章讲述了三种驱离迫降类无人机反制技术、协同防控平台的操作;第七章讲述了典型防控案例及模拟对抗演练。

本书可作为高职院校无人机应用技术专业教材,也可作为对无人机技术感兴趣读者的参考用书。

图书在版编目(CIP)数据

无人机防控技术/李立欣,王大伟主编.—北京:清华大学出版社,2021.7(2025.1重印)
高等职业院校前沿技术专业特色教材
ISBN 978-7-302-57366-1

Ⅰ.①无…　Ⅱ.①李…②王…　Ⅲ.①无人驾驶飞机－高等职业教育－教材　Ⅳ.①V279

中国版本图书馆 CIP 数据核字(2021)第 018230 号

责任编辑:张　弛
封面设计:刘　键
责任校对:赵琳爽
责任印制:沈　露

出版发行:清华大学出版社
　　　　　网　　　址:https://www.tup.com.cn,https://www.wqxuetang.com
　　　　　地　　　址:北京清华大学学研大厦 A 座　　　　　邮　　编:100084
　　　　　社 总 机:010-83470000　　　　　　　　　　　　邮　　购:010-62786544
　　　　　投稿与读者服务:010-62776969,c-service@tup.tsinghua.edu.cn
　　　　　质量反馈:010-62772015,zhiliang@tup.tsinghua.edu.cn
　　　　　课件下载:https://www.tup.com.cn,010-83470410
印 装 者:三河市铭诚印务有限公司
经　　销:全国新华书店
开　　本:185mm×260mm　　　印　张:9.5　　　字　数:228 千字
版　　次:2021 年 7 月第 1 版　　　　　　　　印　次:2025 年 1 月第 4 次印刷
定　　价:49.00 元

产品编号:090867-01

编写委员会

丛书主编：

姚俊臣

编委：

周竞赛　李立欣　张广文
胡　强　朱　妮

序　言

　　职业教育与普通教育作为高等教育的两翼，具有同等重要的地位。改革开放以来，职业教育为我国经济社会发展提供了有力的人才和智力支撑，现代职业教育体系框架全面建成，服务经济社会发展能力和社会吸引力不断增强，具备了建设科技强国的诸多有利条件和良好工作基础。随着我国进入新的发展阶段，产业升级和经济结构调整不断加快，各行各业对技术技能人才的需求越来越紧迫，职业教育的重要地位和作用进一步凸显。这一点在我国航空科技领域愈发突出，航空产业发展离不开大国工匠和高水平的职业技术人才。

　　作为我国航空科技飞速发展的重要代表，无人机技术广受关注，已经一跃成为通用航空领域的一支新生力量，目前中国民用消费类无人机已占全球 70％ 左右的市场份额。2017年 12 月，工业和信息化部印发《关于促进和规范民用无人机制造业发展的指导意见》。到 2025 年，综合考虑产业成熟度提升后的发展规律，民用无人机产业将由高速成长转向逐步成熟，按照年均 25％ 的增长率测算，到 2025 年民用无人机产值将达到 1800 亿元。2020 年，习近平总书记在视察空军航空大学时指出："现在各类无人机系统大量出现，无人作战正在深刻改变战争面貌。要加强无人作战研究，加强无人机专业建设，加强实战化教育训练，加快培养无人机运用和指挥人才。"职业技术院校无人机应用技术专业成为当下最热门的专业之一，已有 500 多所院校新设相关专业，远超设置航空相关专业的综合性大学数量。

　　目前国内无人机教育仍然处在探索和起步阶段，伴随着近年来国内无人机市场的井喷发展，无人机人才需求缺口也日益凸显，尤其是无人机技能人才缺口更大。从不同层次的学科培养角度，院校需要区分高等教育和职业教育的特点，进而达到有针对性的教育目的，实现人才培养和供给的多元化。随着人社部把无人机驾驶员作为 13 个新职业之一，无人机应用成为新热点，具备实际操作能力的无人机操控及维护人员将成为炙手可热的人才。在我国就业形势异常严峻的大背景下，无人机应用技术人才却成为国家紧缺人才之一，专业无人机操控技能将显示出超强的竞争力，学习和参与无人机的人数逐年上涨。2019 年，无人机装调检修工再次成为新兴职业，新增无人机专业（或无人机方向）的中高职院校将很快超过1000 所。但是与通用航空事业已经较成熟的发达国家相比，与建设现代化经济体系、建设科技强国的要求相比，我国无人机职业教育还存在着体系建设不够完善、无人机职业技能实训基地建设有待加强、制度标准不够健全、企业参与办学的动力不足、技术技能人才成长的配套政策尚待完善、办学和人才培养质量水平参差不齐等问题。

为贯彻落实《职业学校校企合作促进办法》《国家职业教育改革实施方案》等文件精神，推动无人机职业教育事业发展，提高职业教育发展水平，完善高层次应用型人才培养体系，促进校企产教融合，为企业培养具有良好职业素质的应用型人才，中国航空学会组织 40 余位航空科技，尤其是无人机科研和教育方面的专家编写了本系列教材，希望为无人机技能人才培养提供参考支撑。这是中国航空学会作为我国航空科技领域最具影响力的科技社团的使命与职责。

本系列教材得到了北京小飞手教育科技有限公司和圆梦天使（北京）教育科技有限公司的大力支持，在此深表感谢。

中国航空学会理事长

林左鸣

　　无人机技术涉及传感器技术、通信技术、信息处理技术、智能控制技术以及航空动力推进技术等,是信息时代的高技术综合性产物。根据预测,到2025年,全球无人机市场规模将达428亿美元。目前,在中国乃至世界各地,诸多领域已显现出"无人机+行业应用"的蓬勃发展势头。但同时,无人机市场蓬勃发展带来的负面问题也越来越多,特别是面对无人机行业野蛮生长,监管不完善带来了一系列的问题。消费级无人机因其技术门槛低、极易获取(线下/网络购买)、成本低、操控简单、机动灵活、隐蔽性高而被广泛使用,同时,使用消费级无人机制造危害的效费比极高。

　　因此,反无人机技术装备也随之快速扩展,无人机防控技术不断创新,低空安防系统的实现手段将不断丰富,"全天候立体侦察预警"和"发现即拒止"一直是反无人机技术的核心目标。在可以预见的未来,低空安保无人机防控系统将与现有安防系统不断融合,在保障重大活动和重点空域的低空安全方面发挥不可或缺的作用。反无人机技术的创新也带动了反无人机市场的快速发展。据行业研究报告显示,2024年全球反无人机市场将以41.4%的复合年增长率增长到66亿美元。反无人机装备产品需求增长最快的地区将是亚太地区(占全球市场的30%),反无人机市场的产品将会供不应求。同时,各类军警单位、机场、会展、重要企业也将涌现出极大的相关岗位需求。

　　本书立足于无人机防控技术,重点论述了无人机探测、捕获摧毁、驱离迫降等内容。全书共七章内容,第一章介绍了无人机的发展、分类、系统组成等;第二章深入讲述了无人机的飞控、通信、导航和飞行原理,为后续的无人机探测、反制手段提供了原理基础;第三章介绍了无人机安全隐患、无人机防控的意义、入侵方式分析以及云系统;第四章分析了五种无人机探测技术,包括目视侦察、声波探测、光电探测、电磁频率探测和多普勒雷达探测;第五章介绍了四种捕获摧毁类无人机反制技术,包括鹰补式反制技术、射网式反制技术、激光打击式反制技术、声波击落式反制技术;第六章探讨了三种常用的驱离迫降类无人机反制技术,包括电磁频率干扰、导航信号压制干扰和欺骗干扰,同时还介绍了其适用设备;第七章介绍了典型防控案例及模拟对抗演练相关操作。

　　本书由李立欣、王大伟主编,安向阳、胡强副主编,全书由李立欣统稿。本书作者均在无人机领域长期从事教学和科研工作,有着深厚的知识积累。本书是作者前期关于无人机防控技术教学和科研工作的小结,全书围绕无人机防控为核心内容,详细阐述了无人机各系统原理、引出各类探测技术和反制手段,使读者系统学习掌握无人机防控技术,同时本教材还开发了配套教具,可以配合开展教学工作,力求内容丰富实用,可操作性强。本书可以作为职业院校无人机应用技术等相关专业学生的配套教材,同时还可以作为无人机从业者、无人机防控岗位人员的参考用书。

　　因为本书涉及面较广且科技发展日新月异,加之作者水平有限,书中若有疏漏之处,敬请广大读者批评指正。

编者

2021 年 3 月

目 录

第 一 章

无人机概论

第一节　无人机发展

一、梦想起航阶段（前 450 年—1917 年）

在了解无人机起源之前,我们先了解人类自古以来对于飞行的追求。在古老而又遥远的年代,人类就对飞行抱有极大的幻想,中国神话中的女娲补天、嫦娥奔月,或是希腊神话中的普洛米修斯飞天盗火……这些数不清道不明的神话和传说,都是人类期盼着升空飞翔的美好愿望和朦胧幻想。

公元前 450 年左右,中国人发明了风筝,以此来寄托对飞行的向往。如今,风筝依旧是人们喜爱的一种飞行方式之一,如图 1.1 所示。

图 1.1　中国传统风筝

公元前 500 年左右,中国古人发明了竹蜻蜓,如图 1.2 所示。竹蜻蜓构造简单,在当时也成为老幼皆宜的飞行玩具。后来,国外的传教士根据竹蜻蜓构造的启示,发明了直升机的螺旋桨,因此,中国的竹蜻蜓被世界公认为直升机的最原始形态。

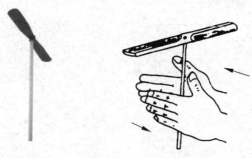

图 1.2　竹蜻蜓

在 907—979 年的五代时期,中国出现了用松脂燃烧加热空气的"松脂球",当时也叫"飞灯""天灯""云球""孔明灯"或"灯球"等。图 1.3 所示是可飞行并可实用的热气球的原始形态。关于孔明灯的传说有多个版本,真正的发明者已无从考究,但是不难发现,古代劳动人民一直在探究飞行的奥秘。

图 1.3　孔明灯

明朝建立后,曾在朱元璋军中受封官职为万户的陶成道,为了实现自己像鸟一样飞上天的梦想,坐在绑了 47 支火箭的椅子上,手里拿着风筝,想飞向天空,如图 1.4 所示。围观的人们纷纷表示这简直是太疯狂了,而陶成道为此献出了自己的生命。

图 1.4　万户飞天的传说

　　万户飞天是一个举世公认的事实,但是遗憾的是,火箭飞行第一人万户在中国文献中找不到,而在美国火箭学家赫伯特·S. 基(Herbert S. Zim)1945 年出版的《火箭和喷气发动机》一书中有记载。

　　1480 年左右,意大利著名学者、艺术家兼科学家达·芬奇绘制出原始的"螺旋面"直升机原理草图,如图 1.5 所示。这是工程学历史上比较有名的一幅航空机器设计图。后来,他还画过许多其他的飞行器结构想象图,其中包括 1487 年其所做的人力扑翼机设计图。

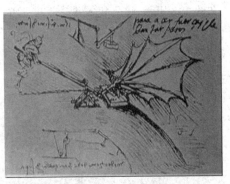

图 1.5　达·芬奇的旋翼模型设计图

　　1783 年 9 月 19 日,蒙哥尔菲兄弟奉命为法国国王路易十六夫妇表演飞行。上午 9 时许,一只容积 1200m³ 的热气球当着 3 万观众的面,载着一只公鸡、一只鸭子和一只绵羊,升至 450m 高度,在 8min 内飞出 3200m 远,并降落到一片树林中。这是人类升空飞行前最先用动物所做的飞行器搭乘试验。法国国王路易十六为此大悦,赐名"蒙哥尔菲气球",如图 1.6(a)所示。

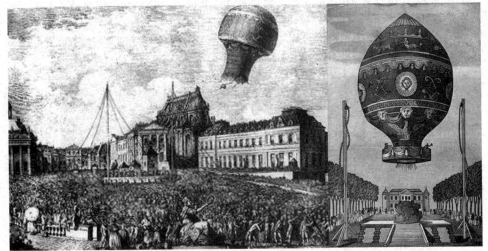

(a)"蒙哥尔菲气球"首次载着一只公鸡、一只鸭子和一只绵羊升空　　(b)罗泽尔和达兰德斯合乘热气球首次在波旁王朝皇家行宫前升空

图 1.6　蒙哥尔菲兄弟首次飞行

　　1783 年 11 月 21 日,法国的罗泽尔和达兰德斯侯爵于当天下午 1 时 54 分,再次乘坐靠燃烧麦秸与羊毛产生热气的蒙哥尔菲气球,在巴黎 16 区布劳纽森林边的波旁王朝皇家行宫

庭院中冉冉升空,做了人类首次自由飞行。经过 20min 的水平飘飞,这只直径 14.95m、高 22.75m、容积 2200m³ 且外表华丽非凡的载人热气球,降落在该市 13 区的意大利广场上,为人类航空史添上了一笔重彩,如图 1.6(b)所示。从此,人类开始真正进入广阔的天空。

　　1840 年,英国航空先驱威廉·萨姆爱尔·亨森成立了自己的航空运输公司,并开始试制飞机。1842 年 9 月 29 日,亨森在助手约翰·斯特林·凡罗的协助下,参考了凯利的航空力学理论,设计出名为"空中蒸汽车"的飞机,并申请了"重于空气的飞行器"的专利。如图 1.7 和图 1.8 所示,该飞机翼展 45.72m,单翼面积 430m²,总重 1350kg,装有 18.4～22.1kW 蒸汽机 1 台,以驱动两副 6 叶螺旋桨。1847 年,一架绰号为"阿里埃尔"、翼展仅 6m 的缩比飞机模型进行了试飞。据称模型重 4.5kg,它利用斜坡助跑起飞并可飞行 19～24m。这是人类对飞机所做的最早期的研究试验之一。

图 1.7　1842 年威廉·萨姆爱尔·亨森和约翰·斯特林·凡罗联合设计的蒸汽飞机

图 1.8　1868 年约翰·斯特林·凡罗设计失败的三翼飞机模型

　　1852 年 9 月 24 日,法国人亨利·吉法尔制成第一个"机械力气球",如图 1.9 所示。该气球外形不再是球形,而是长 43.89m、直径 11.9m 的枣核形,气囊容积 5472.4m³,总升力大于 2000kg。更重要的是它第一次装有三角形尾舵和 1 台 2.2kW 蒸汽机,用于驱动直径 2.13m 的三叶螺旋桨以 110r/min 的转速旋转。气球从巴黎马戏场起飞后,3 小时左右飞行了 28km,然后在特拉普斯着陆,做了人类第一次有动力载人"可操纵飞行",真正的飞艇问世了。

图 1.9　1852 年世界上第一艘飞艇首飞

　　1871 年,英国人佩诺研制出"飘动者"号飞机模型,如图 1.10 所示。它采用橡筋动力、单翼,安定性极好,被某些学者推为"飞机的祖先"。1872 年,他又制成有别致的密封舱和减震起落架的两栖型扑翼机模型。

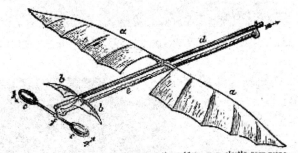

图 1.10　1871 年佩诺研制的第一架可稳定飞行的橡筋动力飞机模型

　　1884 年 8 月 9 日,法国人试飞了由电动机驱动的"法兰西"号全向操纵型飞艇。如图 1.11 所示,列纳尔上尉在当天的试验中,飞行 4200m 后又成功地返回起飞点,从而结束了人类飞行要受风摆布的历史。该飞艇直径 8.5m,长 51.8m,航速 19.3km/h,电动机功率 6.6kW,用于驱动一个直径 9m 的拉进式螺旋桨。它被认为是最早飞行成功的一艘飞艇。

　　1891 年,德国航空开拓者李林塔尔发表了《鸟类的飞行——航空的基础》一文并正式开始研究滑翔飞行。他每次飞行一般为 30s,滑翔距离为 200～300m。1894 年,他用改进后的滑翔机从山坡上跳下,竟然滑翔了 350m 远,获得巨大的成功。1896 年 8 月 9 日,李林塔尔在试飞中受伤,于次日去世。在其试飞的 6 年期间,他坚持进行滑翔实验达 2000 余次,先后使用过 18 架滑翔机,其中 12 种是单翼机。李林塔尔是人类早期探索飞行史上极具影响力的人物,并为后人发明飞机积累了宝贵的经验,如图 1.12 所示。

　　1900 年 7 月 2 日,德国的齐伯林伯爵经过 6 年努力,在包金斯基附近的工厂里制成了他的第一艘充氢硬式飞艇,并在腓特烈港附近试飞成功,此飞艇搭载 1 名乘员和 5 名乘客飞行 20min。该飞艇型号为 LZ-1,直径 11.73m,长 127m,用防水布组成 17 个气囊,容积

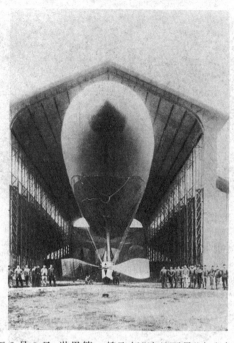

图 1.11　1884 年 2 月 9 日,世界第一艘飞艇"法兰西号"由查尔斯·雷纳德试飞

(a) 航空先驱李林塔尔的滑翔飞行试验

(b) 李林塔尔的 Sturmfugel 滑翔机(博物馆)

图 1.12　航空先驱李林塔尔的滑翔飞行试验

$11300m^3$。在 20 世纪 20 年代以前,齐伯林飞艇几乎主宰了大半个世界的天空,如图 1.13 所示。

1903 年 12 月 17 日上午 10 时 35 分,德裔美国人、自行车修造匠威尔伯·莱特和奥维尔·莱特兄弟在美国北卡罗来纳州基蒂霍克一处叫作"斩魔山"的小山坡上,以重物下落形成的牵引力,将自制飞机"飞行者一号"推离地面,进行了被世人公认的人类首次有动力飞机载人飞行。人类从此有了飞机,如图 1.14 所示。

当时的首飞驾驶者为奥维尔·莱特。他 12s 飞行距离 36.58m,当时的目击者有 6 人,并拍下照片作证。当日共飞行了 4 次,最佳飞行成绩为:续航时间 59s,飞行距离 260m,飞

(a) 1900年7月2日上升中的LZ-1飞艇　　　　　(b) 飞艇先驱齐伯林照片

图 1.13　齐伯林的飞艇试验

图 1.14　1903 年 12 月 17 日，莱特兄弟发明的飞机试飞成功

行高度 3.8m，速度 48km/h。该机采用双层机翼鸭式气动布局，1 台 12 马力的内燃机通过两副自行车链条带动两副空气螺旋桨。飞行员俯卧在下层机翼上操纵飞机飞行。飞机的翼展为 12.29m，重量为 274kg。莱特兄弟与他们的"飞行者一号"飞机就此名垂青史。而在此前，莱特兄弟对飞机的研究开始于 1899 年，并先后试飞过 3 架无动力的滑翔机。"飞行者一号"飞机则于 1902 年冬季组装完毕。1903 年 12 月 14 日，在他们进行第一次试飞时曾因失速而坠落沙滩。莱特兄弟的飞机制造优势直到 1908 年才被欧洲的航空先驱们打破。

二、无人机的诞生及靶机起步阶段（1909—1945 年）

基于人类对飞行的追求及取得的伟大成就，众多科学家对于飞行提出更大胆、更具有创新性的设想。据来自圣迭戈航空航天博物馆档案（San Diego Air & Space Museum Archives）资料显示，1917 年，皮特·库柏（Peter Cooper）和埃尔默·A. 斯佩里（Elmer A. Sperry）发明了第一台自动陀螺稳定器，这种装置能够使飞机保持平衡向前飞行。

这项技术成果将美国海军寇蒂斯 N-9 型教练机成功改造为首架无线电控制的不载人飞行器（Unmanned Aerial Vehicle，UAV），并进行了试飞，这可以说是世界上的第一架无人机。无人飞行器自此诞生。"斯佩里空中鱼雷"(Sperry Aerial Torpedo)搭载重约 136kg 的炸弹飞行 81km,如图 1.15 所示。

图 1.15　1917 年斯佩里(Sperry)研制的"斯佩里空中鱼雷"

"斯佩里空中鱼雷"最初的设想是利用携带的高爆炸药攻击飞机,但随后的试验并未获得令军方满意的结果,也从未参与实战,军方为此停止了投资,因此这一新生事物也就夭折了。尽管斯佩里等人的开创性工作没有获得最终的成功,但他们所取得的许多宝贵资料和经验为 16 年后第一架无人靶机的成功研制奠定了深厚的技术基础。

通用公司的查尔斯·F.凯特灵(Charles F. Kettering)设计了"凯特灵空中鱼雷",又称作"凯特灵小飞虫"(Kettering Bug),这架飞行器能够载重 136kg,在 1917 年的造价为 400 美元,如图 1.16 所示。这架飞行器拥有可拆卸机翼,并且可以灵巧地从装有滚轮的手推车起飞。在第一次世界大战接近结束时,美军下了大量的"凯特灵飞虫"订单,但它还没被派上战场战争就已经结束了。

图 1.16　1917 年凯特灵(Kettering)设计的"凯特灵小飞虫"

1935 年之前的空中飞行器飞不回起飞点,因此也就无法重复使用。"蜂王"的发明使得无人机能够回到起飞点,这也使得这项技术更具有实际价值。"蜂王"最高飞行高度 5182m,最高航速 161km/h,在英国皇家空军服役到 1947 年,如图 1.17 所示。

阿道夫·希特勒希望拥有攻击非军事目标的飞行炸弹,因此,德国工程师弗莱舍·福鲁则浩(Fieseler Flugzeuhau)在 1944 年设计了一架速度达到 756km/h 的无人机,即著名的

图 1.17　1935 年的 DH.82B"蜂王"(DH.82B Queen Bee)

"复仇者一号"专为攻击英伦列岛而设计,也是现代巡航导弹的先驱(图 1.18)。"复仇者一号"载弹量比前代更大,经常搭载多达 907kg 的导弹。英国有 900 多人死于该型无人机之下。"复仇者一号"从弹射道发射后,按照预先程序飞行 241km。

图 1.18　1944 年研发的"复仇者一号"

自此,人类开始开启了全新的无人机时代,并勾画了一幅波澜壮阔的宏伟画卷。

1930 年英国开始研制无人靶机,在吸取了斯佩里等人研究经验的基础上,1931 年 9 月,英国费尔雷公司将一架"女王"有人驾驶双翼飞机改装成"费利王后"(Fairey Queen)靶机做了 9min 的有控飞行。1932 年,英国本土舰队将"费利王后"携往地中海做试验,检验靶机的飞行性能,更重要的是检验本土舰队防空火力的效能。当时,"费利王后"冲着本土舰队的密集防空火力飞行了 2h 而未被击中,这不仅说明当时海军防空兵器的低效,同时也充分说明靶机具有无可争辩的实用性。

1933 年英国研制成功有名的"蜂后"(Queen Bee)靶机,随即投入批量生产。这种靶机在 1934—1943 年共生产了 420 架,每架都有 20 架次的飞行纪录,这种靶机一直沿用到第二次世界大战结束后。

苏联于 1934 年研制成 ЛО-2 靶机。第二次世界大战后,又研制成用冲压发动机的 La-17 靶机。

　　美国于 1939 年开始研制靶机,先后有 30 多家公司投入了靶机和遥控飞行器的研制,其中最负盛名的有瑞安公司研制的世界上生产最多的"火蜂"(Firebee)系列靶机(图 1.19),以及诺斯罗普公司的"石鸡"(Chukar)靶机系列等。

图 1.19　1955 年瑞安航空公司研制的"火蜂"(Firebee)

　　法国研制成 CT-20 与 CT-22 靶机;意大利研制成"米拉奇"系列靶机;澳大利亚研制成"金迪威克"无人靶机等;其他国家如加拿大、以色列、日本、德国、南非也相继研制成多种靶机,伊朗研制了多种供火炮、飞机和导弹用的靶机,所以较长一段时期内,无人机基本上是靶机的一种别称。

三、初步参展、崭露头角(1945 年—20 世纪 80 年代末)

　　第二次世界大战后,随着技术的进步,各国开始尝试在靶机上安装一些测量装置,使其具有战场侦察、目标探测的能力,并开始将其应用于实战。20 世纪 60—70 年代的越南战争、70—80 年代的中东战争使无人机开始在战场上崭露头角,也促使了无人机技术与功能的进一步拓展与提升。

　　越南战争初期,美军出动大批飞机进行大规模轰炸,美军先后损失作战飞机 2500 余架,死伤飞行员 5000 多名,被俘人员中有 90% 是飞行员和机组人员。作战飞机的大量损失,使美军的作战行动严重受阻,也极大地阻止了美国政府战争意图的实现,使美军陷入了越南战争的泥潭。大批飞行员和其他作战人员的死伤和被俘,更使美国政府承受了来自国内的巨大压力。为此,美军也采取了许多办法,如对北越防空导弹的雷达系统进行干扰等。但由于北越人民军采取了反干扰措施,使得美军的方法收效甚微。

　　为了能以较小的损失摸清北越部队的情况,特别是防空力量的部署情况,美军最后还是想到了无人机,希望能用无人侦察机代替有人机实施侦察。无人机的平台选定了美国瑞安航空公司的"火蜂-147"无人靶机。该机飞行时速在 900km 以上,飞行高度大于 20000m,尺寸较小,雷达散射截面和红外信号特征都很小,不易被雷达发现,也不易被防空导弹击中,具有较强的战场生存能力。而且,无人靶机成本低,当时一架无人靶机价值百万美元,即使损失,相比于一架有人机的 3000 多万美元外加机组人员来说,其损失也相对小一些。

　　出于战争的需要,瑞安航空公司为"火蜂-147"紧急加装了侦察照相和红外探测等设备,改装定型为"火蜂-147D",如图 1.19 所示。1964—1975 年,火蜂侦察机在越南上空执行侦察任务,先后出动 3400 多架次,获取的情报占当时情报总量的 80%,而其因击落和机械故障坠毁的损失率仅为 16%,这意味着避免了近 550 架有人驾驶飞机被击毁,也避免了 1000 多名飞行员丧命越南。

"火蜂"侦察机在越南战场的出色表现,使人们认识到了无人机的新价值,也使无人机首次作为作战装备应用于实战,开辟了无人机应用和发展的新阶段。但是越战结束后,受到各方面势力的影响,美军开始冷淡曾为他们立下汗马功劳的"火蜂"无人机,致使无人机技术的发展又一次被延缓下来。直到 1980 年前后,以色列在中东战争中直接运用无人机取得了辉煌的战果,才又一次激起了各国军方对无人机的浓厚兴趣。

在中东战争期间,以色列面对的叙利亚、埃及和黎巴嫩利用"萨姆-6"防空导弹构筑了一道严密的从几十米的低空到上万米高空的防空火力网,使得以色列的飞机一旦进入,就基本无可生还。为了突破对手的防空网,以色列在向美国学习无人机技术的基础上,开始研制自己的新型无人机。他们把从美国引进的"石鸡"喷气式无人靶机和"壮士"无人靶机改装成能够模拟喷气式战斗机进行电子欺骗的无人机,又先后研制了"侦察兵"和"猛犬"两种无人侦察机,用于收集雷达信号和进行光电复合侦察,并且具备全天时工作能力。这些无人机为以色列夺取战争的胜利奠定了基础。

在 1973 年的第四次中东战争中,以色列沿苏伊士运河大量使用美制 BQM-74C 多用途无人机模拟作战机群,掩护战斗机超低空突防,成功地摧毁了埃及沿运河部署的地空导弹基地。1982 年 6 月,以色列派遣地面部队入侵黎巴嫩南部,在贝卡谷地一带推进受阻。为了获得制空权,以色列计划清除叙利亚部署在贝卡谷地的大量苏制"萨姆-6"地对空导弹。6 月 9 日上午,战斗正式打响,以军先派遣大批"猛犬"无人机从 1500m 高度进入贝卡谷地上空,发出酷似以军战斗机的"电子图像",诱使叙军导弹阵地雷达开机并发射导弹。这一仗成为世界无人机运用史上的杰作。

就在以军的第一批"战机"被叙军导弹击中爆炸的同时,以军派出的"侦察兵"无人机收集到了叙军雷达的位置、频率等信息。根据这些信息,以军携带着反辐射导弹和常规炸弹的先进战斗机对贝卡谷地的导弹阵地进行猛烈攻击,同时,炮兵也向叙军的地空导弹和高炮阵地猛烈开火。两小时的战斗结束后,以色列空军毫无损失,而叙利亚苦心经营 10 年、耗资 20 亿美元才建立起来的 19 个防空导弹阵地顷刻变成废墟。此后,叙利亚空军发起反击,却落入以色列布置的电子战陷阱中,在一天一夜的战斗结束后,叙利亚共被击毁 82 架飞机,不得不让出制空权。

在中东战争中,以色列的无人机并没有想象中的那么成功,其适用性、数据链路的可靠性还较差,但以色列通过综合使用侦察、诱饵、电子干扰等多种无人机,与有人作战飞机配合,使叙利亚各类航空、防空武器系统遭到毁灭性打击,从而在战争初期就消灭了叙军 80% 以上的精锐武装,最终取得了战争的胜利。以色列无人机发展的成功经验和战场上辉煌的战绩震惊了全世界,再一次向世人昭示了无人机巨大的军事价值和潜在的作战能力。无人机也因此声名鹊起,进入了迅速崛起阶段。

四、从战场崛起到发展高潮阶段(20 世纪 90 年代至今)

20 世纪 80 年代以来,无人机的军事价值逐渐被各国军方深刻认识,特别是在中东的贝卡谷地战役之后,人们认识到利用无人机在战时执行侦察、干扰、欺骗、电子支援等任务是非常有效的,不仅可以大幅降低人员损失的风险,而且作战成本比有人驾驶飞机低得多。美、英等国的科学家和军方人士提出,要"重新全面考虑无人机在现代武器中的作用"。20世纪90年代以来的几场高科技局部战争,又给无人机提供了更加广阔的展示其作战才能的舞台。在面向现代和未来战场作战需求的牵引下,无人机进入了快速崛起与迅猛发展的阶段。

在1991年的海湾战争中,美、英、法、加拿大和以色列等国的无人机纷纷亮相战场,共投入200多架无人机。美军总共有6个"先锋"无人机连参战,执行了522架次飞行任务,累计飞行时间1638h,为多国部队实时了解战场态势及评估空袭效果提供了重要依据,对干扰、压制伊拉克防空体系和通信系统发挥了重要作用。

在科索沃战争中,美国及北约盟国首先使用无人机充当开路先锋发动进攻。战争中使用"捕食者""猎人""先锋""红隼"、CL-289、"米拉奇-26""不死鸟"7种型号的无人机300多架,用于中低空侦察和长时间战场监视、电子对抗、战况评估、目标定位、收集气象资料、营救飞行员和散发传单等。美军典型作战无人机——"捕食者"如图1.20所示。

图1.20　美军典型作战无人机——"捕食者"

在2001年的阿富汗反恐战争中,无人机更是大显身手,创造了无人机发展史上的又一个里程碑。战争开始后,美国为了加强对活动于阿富汗多山地区的塔利班和"基地"组织行动的了解,派出了"全球鹰"和"捕食者"无人机进行全天候的侦察,并通过卫星链路及时将侦察图像传回至美国本土的指挥中心。为了能使无人机对地面目标直接实施打击,美国首次为"捕食者"无人机挂载了两枚"海尔法"导弹,也正是这两枚导弹,谱写了无人机作战的辉煌一页。

2001年11月15日,"捕食者"无人机侦察到一个车队趁着夜幕开进了一座小镇,车上的人员全部进入了一座楼房。经过指挥中心的分析,这可能是"基地"组织正在召开重要会议。随即,他们调来了正在附近待命的F-15战斗机向大楼发射了导弹,同时,"捕食者"无人机也将其携带的两枚"海尔法"导弹准确地投向了大楼的停车场。顿时,楼房和停车场立即成为一片火海,其内的人员全部毙命,后来查明,被击毙的正是"基地"组织二号人物穆罕默德·阿提夫及其随行人员。"捕食者"无人机的这次出色一击,成为无人机技术和功能的一个重要转折,意味着无人机开始具备了低空探测和直接攻击地面目标的能力,无人机的用途开始扩展到直接的攻击作战。

在2003年的伊拉克战场,美军更是调集了10余种无人机参战;其数量是阿富汗战争时的 3 倍多,主要包括陆军的"猎犬""指针"和"影子-200"无人机、海军陆战队的"龙眼"和"先锋"无人机、空军的"全球鹰"和捕食者"无人机。另外,还包括其他几种小型的无人机系统,用于支援特种作战。这些无人机在对伊作战中发挥了极大作用。

"捕食者"和"全球鹰"装有"地狱火"反坦克导弹,用于执行情报、监视、侦察、攻击任务。没有安装传感器的"捕食者"投入战场充当诱饵,以观察伊拉克的防空系统是否有所反应。"捕食者"统一由 AC-130 武装直升机发出的信号对其控制,在识别目标后将信号传输给作战区内的战斗机,再由战斗机向目标投掷炸弹。"捕食者"上的摄像机将数据传输给地面上的无人机操作员,由操作员通过无线电将信息发送给美、英联军。"全球鹰"则在巴格达上空执行了数次作战任务,收集图像 3700 多幅。据五角大楼公布的数据,美军在伊拉克战争中进行了 RQ-1"捕食者"无人机导弹攻击试验——借助机载激光目标指示仪,引导其挂装的"地狱火"空地导弹攻击地面目标。"捕食者"共攻击并摧毁了 12 个地面目标,包括防空导弹连、导弹发射装置、伊拉克电视台雷达和卫星设施等。这标志着现代战争开始进入无人化作战阶段。

进入 21 世纪,美军在无人机领域更是加快了发展速度,预计在未来 10 年内,美国国防部将运行 F-16 无人机,它能支持各种战斗任务,包括压制敌军防空力量、实施电子攻击等。美国专家认为,到 2025 年,美军 90% 的战机将是无人机,甚至有专家预言,到 2050 年,美军将不再装备有人驾驶飞机。

目前,无人机领域可谓群雄纷争,传统无人机厂商不断取得技术性突破,新兴企业进入大众视野,如大疆的航拍无人机,已经大范围覆盖了民用无人机市场。

民用无人机行业在这个时代得以兴起和发展,主要原因有以下四点。

(1) 飞控系统开源。飞控系统开源是民用无人机行业崛起的"导火索",Arduino 是最早的开源飞控之一,随后,APM、PPZ、PX4、Pixhawk、MWC、Openpilot 等开源飞控进入市场,使得无人机制造领域门槛降低,用户甚至可以自己购买零部件,DIY 开发无人机。

(2) 硬件成本下降。近年来,硬件正在向小型化、低功耗、低成本方向迈进,这为无人机制造业创造了良好的发展环境。以锂离子电池为例,随着能量密度的不断提高,锂离子电池的价格已经从近 1300 美元/(kW·h)降至不到 300 美元/(kW·h),面向消费级领域的 MEMS 惯性传感器随着市场需求的不断增加,使得制造商数量猛增,竞争加剧,MEMS 惯性传感器单价不断下降,量产后售价不足 1 美元。

(3) 产业链逐渐完善。近年来,中国企业已经从传统的代工模式转为自主研发,从而推动"中国制造"向"中国智造"转型;此外,以无人机培训和数据采集为代表的无人机服务业正在兴起,使得产业链逐渐完善。

(4) 市场需求增加。技术的进步使得无人机的应用领域逐渐扩大,凭借着安全、便携、成本低的优势,无人机受到更多人的青睐。目前,民用无人机的用途有几百种,中国的民用无人机企业近 400 家,无人机在我国的警用安防领域也已经初具规模,在农业、电力业、能源业、灾难救援、快递行业等方面快速发展。

第二节　无人机分类

无人机的迅速发展使得无人机的种类繁多、型号各异,而且新概念还在不断涌现,创新广度和深度也在不断加大。目前,无人机的分类尚无统一、标准的方法。本节将已有的各种分类方法整理、归纳如下。

一、按照不同平台构型划分

按照不同平台构型来分类,无人机主要有固定翼无人机、无人直升机和多旋翼无人机三大平台,其他小种类无人机平台还包括伞翼无人机、扑翼无人机和无人飞船等。

1. 固定翼无人机

固定翼无人机机身装有机翼,依靠机翼与空气的相对运动来产生升力。机翼具有特殊的形状,当动力装置产生前进的推力,空气就会向上托起机翼,从而带动整个飞机,克服地球万有引力,为飞机提供升力。固定翼无人机后面还有一个尾翼,为飞机配平、稳定和调整方向,包括垂直尾翼和水平尾翼两部分。固定翼无人机机身下面装有起落架,支持飞机的停放,由支柱、缓冲器、刹车装置、机轮、收放机构组成,是飞机起飞、降落时在跑道滑行使用的,如图1.21所示。

图1.21　RQ-11A/B"大乌鸦"(Raven)固定翼无人机

固定翼无人机具有续航时间长、飞行效率高、载荷量大等优点。同时,固定翼无人机也存在不能悬停在空中、不够灵活、起飞降落对场地有不同的要求等缺点,如图1.22所示。

弹射起飞　　　　　　　手抛起飞　　　　　　　撞网回收

跑道起飞　　　　　　　伞降回收　　　　　　　跑道降落

图1.22　固定翼无人机常见起降方式

2. 无人直升机

直升机顶部装有螺旋桨,一般由2～5片桨叶组成,通过高速的旋转对空气施加向下的力,然后利用空气的反向作用力平稳地飞到空中。直升机的尾部还有一个小的垂直的螺旋桨,这个螺旋桨用于平衡大螺旋桨产生的反扭力,并且辅助控制直升机的航向,如图 1.23 所示。

图 1.23　无人直升机"赛博鲨鱼"(Cyber Shark)

无人直升机具有能在空中悬停、垂直起降、飞行灵活等优点;同时,也有续航时间短、机械结构复杂、维护成本高等缺点。

3. 多旋翼无人机

多旋翼无人机是一种具有三个及以上旋翼轴的特殊无人驾驶直升机,分为正桨和反桨,分别向不同方向旋转,用来平衡扭矩,通过每个轴上的电机转动,带动旋翼,从而产生升力。旋翼的轴距固定,通过改变不同旋翼之间的相对转速来改变单轴推力的大小,从而控制无人机的飞行姿态,如图 1.24 所示。

图 1.24　多旋翼无人机

多旋翼无人机具有结构简单可靠、能够实现空中悬停、维护费用低、操作简单、飞行灵活等诸多优点。同样,它也有续航时间短、载荷量小等缺点。

二、按用途划分

按用途划分,无人机可分为军用无人机和民用无人机。民用无人机又划分为工业级无人机和消费级无人机。

1. 军用无人机

军用无人机现在已经成为现代空中军事力量的一员,具有无人员伤亡、使用限制少、隐蔽性好、效费比高等优点,在现代战争中的地位和作用日渐突出。军用无人机种类很多,如侦察无人机、诱饵无人机、电子对抗无人机、攻击无人机、战斗无人机、察打一体机等。我国研制的"翼龙"系列无人机,如图1.25所示。

图1.25　我国研制的"翼龙"系列无人机

2. 民用无人机

1）工业级无人机

工业级无人机主要应用于各个行业代替人工作业。根据工作需求,工业无人机要求有续航时间长、飞行距离远、任务载荷量大、安全保障更可靠的优势。

2）消费级无人机

我们常见的无人机大部分为消费级无人机,也是数量和种类增长最快的无人机种类。消费级无人机一般是旋翼机,体积小,续航能力和飞行距离有限,价格便宜,主要用于航拍和娱乐。

三、按尺度划分

无人机可分为微型无人机、轻型无人机、小型无人机以及大型无人机(图1.26)。

微型无人机是指空机质量小于等于7kg的无人机。

轻型无人机是指空机质量大于7kg,但小于等于116kg的无人机,且无人机马力平飞中,校正空速小于100km/h,升限小于3000m。

小型无人机是指除微型和轻型无人机以外空机质量小于等于5700kg的无人机。

大型无人机是指空机质量大于5700kg的无人机。

微型无人机　　　　　　　　某大型无人机

图1.26　无人机按尺度分类

2018 年 8 月 14 日,中国民用航空局发布《关于对〈民用无人机驾驶员管理规定〉咨询通告征求意见的通知》。飞行标准司修订了咨询通告《民用无人机驾驶员管理规定》,该通告对民用无人机的分类做了调整,表 1.1 为调整后的使用无人机等级分类表。

表 1.1　民用无人机等级分类表

等级分类	空机质量/kg	起飞全重/kg
I	0＜W≤0.25	
II	0.25＜W≤4	1.5＜W≤7
III	4＜W≤15	7＜W≤25
IV	15＜W≤116	25＜W≤150
V	植保类无人机	
VI	无人飞艇	
VII	超视距的 I、II 类无人机	
XI	116＜W≤5700	150＜W_2≤5700
XII	W＞5700	

注 1:实际运行中,I、II、III、IV、XI 类分类有交叉时,按照较高要求的一类分类。

注 2:对于串、并列运行或者编队运行的无人机,按照总重量分类。

注 3:地方政府(例如当地公安部门)对于 I、II 类无人机重量界限低于本表规定的,以地方政府的具体要求为准。

注 4:分布式操作的无人机系统或者集群,其操作者个人无须取得无人机驾驶员执照。

注 5:分类等级排列顺序由低到高依次为:VII、VIII、IV、XI、XII,高分类等级执照可行使低分类等级执照权利(V、VI 分类等级不按重量级别划分)。

四、按活动半径划分

无人机可分为超近程无人机、近程无人机、短程无人机、中程无人机和远程无人机。

超近程无人机活动半径在 15km 以内,近程无人机活动半径在 15～50km,短程无人机活动半径在 50～200km,中程无人机活动半径在 200～800km,远程无人机活动半径大于800km。中程无人机如图 1.27 所示。

图 1.27　飞行中的无人机

五、按任务高度划分

无人机可以分为超低空无人机、低空无人机、中空无人机、高空无人机和超高空无人机。

超低空无人机任务高度一般在 0～100m,低空无人机任务高度一般在 100～1000m,中空无人机任务高度一般在 1000～7000m,高空无人机任务高度一般在 7000～18000m,超高空无人机任务高度般大于 18000m。图 1.28 所示为高空无人机 MQ-4C"海神"。

图 1.28　高空无人机 MQ-4C"海神"

第三节　无人机系统组成

一、系统组成概述

典型的无人机系统由飞行器、地面站、通信链路组成。

飞行器中包含飞行器机体结构、动力装置、起降系统、任务载荷设备、飞控导航设备和机上通信链路部分。

地面站包括地面通信链路部分、地面遥测系统和地面遥控系统。

通信链路包括机上通信链路和地面站通信链路,它是飞行器平台和地面控制站的通信工具。

无人机简单系统组成如图 1.29 所示。

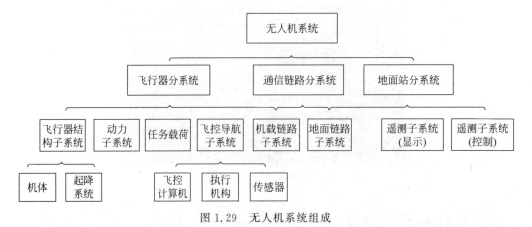

图 1.29　无人机系统组成

图 1.29 所示只是一种无人机系统组成划分形式,无人机有不同形式的划分,比如为了突出任务载荷,也可以无人机系统划分为任务载荷、飞行器平台、通信链路、地面站等。

　　飞行器平台是无人机系统在空中飞行的主体部分,其中飞行器机体是任务载荷的载体。无人机系统的飞行器指由人类制造,能飞离地面,主要在大气层内飞行的航空器。飞行器机体主要指无人机的机体结构和起降系统,它为动力装置、导航飞控系统、电力能源系统、任务载荷设备等机载设备提供了搭载平台。狭义上也把单独机体结构和起降系统称作飞行器平台,实际上飞行器机体指飞行器平台的主体结构。飞行器平台的形式可以是固定翼、旋翼类等重于空气的动力驱动无人机,也可以是气球、无人飞艇等轻于空气的飞行器。多种飞行器平台如图 1.30～图 1.32 所示。

图 1.30　固定翼无人机平台

图 1.31　多旋翼无人机平台

图 1.32　无人飞艇飞行器平台

　　动力装置为无人机提供动力来源,保证其在空中正常飞行。民用无人机的动力装置通常采用小型涡喷发动机、活塞发动机和电动机。对于军用无人机,其动力装置通常采用活塞发动机、涡喷发动机,大型军用无人机采用涡扇发动机,以提高其续航能力。对于大型无人直升机,采用涡轮轴发动机作为动力装置。图 1.33 展示了无人机经常采用的动力装置——活塞发动机。

　　飞控导航系统可划分为导航子系统和飞控子系统。导航子系统主要采用各类传感器来测量无人机位置、速度、飞行姿态,并引导无人机沿指定航线飞行。飞控子系统是无人机的"大脑",完成有人机的驾驶员职能,对无人机实施飞行控制与管理,指导无人机完成起飞、巡航飞行、任务执行、降落(回收着陆)等飞行过程。导航飞控系统由传感器、自动驾驶仪(飞控计算机)、执行机构组成。图 1.34 展示了无人机自动驾驶仪的实物图。

图 1.33　无人机活塞发动机　　　　图 1.34　无人机自动驾驶仪实物图

　　电力系统可以分为机载电力系统和地面电力系统。大型无人机的机载电力系统由主电源、应急电源、配电系统、用电设备、电力设备的控制与保护装置等部分组成，其中电源和配电系统构成了无人机的机载供配电系统。一般小型无人机上的电力系统较为简单，主要给动力系统和飞控导航系统供电，可单独供电也可一起供电。图 1.35 展示了小型无人机常用的锂电池电源。

　　任务载荷设备是无人机执行任务所需的功能性设备，也称为有效载荷，通常是无人机上最为昂贵的部分，也是无人机的价值所在。按照用途可以将任务载荷设备划分为航拍、侦察搜索设备、测绘设备、数据通信设备、军用专用设备及武器设备、民用专用设备等。图 1.36 展示了四旋翼无人机上的航拍相机，用于侦察、搜索和测绘等。

图 1.35　小型无人机的锂电池电源　　　图 1.36　四旋翼无人机上的航拍相机

　　地面站也称为控制站，其主要功能包括指挥调度、任务规划、操作控制、显示记录等。地面站不仅是无人机系统的操作控制中心，从无人机上传来的视频、命令、遥测数据也在这里处理和显示。地面站主要分为遥测系统和遥控系统，遥测系统接收无人机下行链路数据，并在显示端口实时显示。遥控系统发送地面操纵指令，指挥无人机按照指定航线飞行并完成任务。

　　地面站系统由任务规划设备、控制和显示操作台、视频和遥测设备、计算机和信号处理模组、地面数据终端、通信设备等组成。图 1.37 展示了“捕食者”无人机的地面站实物图。

　　通信链路也称为数据链，主要指用于无人机系统传输控制、无载荷通信、载荷通信三个部分信息的无线电链路。它为无人机提供了双向通信能力，分为机载链路和地面站链路部

图 1.37　"捕食者"无人机的地面站实物图

分。机载系统向地面站设备传输数字、图像信息,称为下行链路。地面站系统向机载设备发送航线指令、任务指令,称为上行链路。通信链路可以采用按需求开通的工作模式,也可以采用连续工作模式。图 1.38 展示了无人机通信链路的工作示意图。

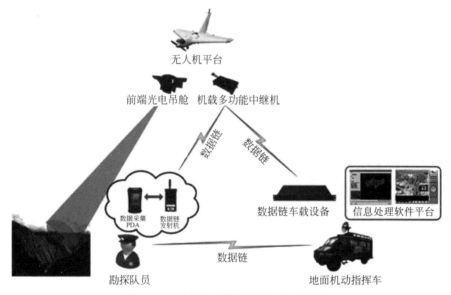

图 1.38　无人机通信链路的工作示意图

二、飞行器平台

按照系统组成,广义的飞行器平台包含飞行器结构、动力系统、飞控导航设备和任务载荷设备。此节飞行器平台只涉及前两项,不包含电子设备,即飞行器结构和动力系统。飞行器平台分为固定翼无人机平台、无人直升机平台和多旋翼无人机平台。

(一)固定翼无人机平台

固定翼无人机气动布局主要有正常式布局、三翼面布局、鸭式布局和无尾布局。由于正常式布局较为成熟、操稳特性好、结构可靠性高,市场上常见的无人机多为正常式布局。

正常式布局无人飞机由机翼、机身、尾翼、起落架等组件组成。尾翼位于机翼后面。图 1.39 展示了一种正常布局的无人机——航测无人机的实物图。

图 1.39　正常式布局无人机

在不包含电子设备的情况下,固定翼无人机平台由机翼、机身、尾翼、起降系统、动力系统六部分组成。固定翼无人机的通用结构如图 1.40 所示。

图 1.40　固定翼无人机平台示意图

固定翼无人机依靠机翼与空气的相对运动产生足够的升力维持空中飞行。机翼主要由主翼面、可动的副翼和襟翼(微型和轻型无人机没有)组成。副翼主要用于滚转操纵控制,襟翼主要用于起降阶段的增升。无人机结构有多梁式、多墙式、单块式等结构。典型单梁式无人机机翼的结构如图 1.41 所示。机翼由翼梁、桁条、普通翼肋、前墙、后墙、蒙皮、接口、加强肋等组成(微型和轻型无人机可以没有前墙)。

机身产生升力很小,主要用于装载设备、燃料、有效载荷等装置,将机翼、尾翼、起落架、动力装置连接成一个整体。固定翼无人机的机身有桁梁式、桁条式、硬壳式三种类型。图 1.42 展示了典型固定翼无人机的机身结构。

尾翼用来配平、稳定和操纵固定翼无人机,包括垂直尾翼和水平尾翼两部分。方向舵控制固定翼无人机的偏航运动,安装在垂直尾翼的垂直安定面之后。升降舵用于控制固定翼无人机的俯仰运动,安装在水平尾翼的水平安定面后部。图 1.43 展示了固定翼无人机尾翼的组成示意图。尾翼有多种布局形式,如 T 形尾翼、V 尾、H 形尾翼等。此外,还有一些无尾布局的无人机。

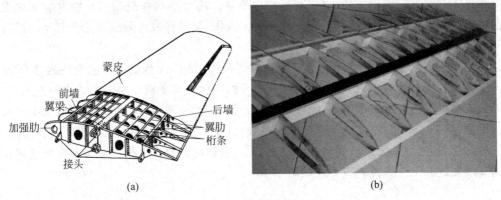

图 1.41　固定翼无人机的机翼结构

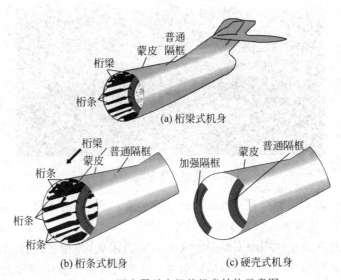

图 1.42　固定翼无人机的机身结构示意图

　　固定翼无人机起降系统有多种,如弹射起飞、小车起飞、空中投放、火箭发射、滑橇起降、轮式起降、手抛起飞等方式。其中前四种起飞方式受起飞场地限制较小,但均需伞降回收。

　　手抛起飞主要用于 15kg 以下的微型无人机,在发动机点火或电机启动至推力最大后,由释放员手动抛射起飞,如图 1.44 所示。

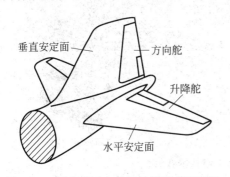

图 1.43　固定翼无人机尾翼的组成示意图

图 1.44　手抛式起飞

　　手抛式起飞方式简单方便,可以减轻结构质量。适合单兵作战需求。抛射起飞对无人机起降系统要求低,但是只适用于质量较轻的无人机,如果释放失败后可能会对无人机造成毁灭性的损坏,并对抛射者产生一定危险。

　　火箭助推式起飞方式中,无人机安装在发射架上,尾部火箭点火产生起飞速度所需推力。主要用于小型和轻型无人机,现在仍然服役的"红Ⅱ"型靶机就是采用的这种方式。

　　火箭助推式发射方式推力大,受外界环境干扰小,无须跑道,成功率很高,但是由于采用火箭助推,所以成本较高,发射前准备时间也较长,在消费级和工业级无人机中较少使用。

　　弹射起飞方式中,无人机安装在弹射支架上,由弹射装置产生推力使无人机加速到起飞离地速度实现起飞。弹射起飞方式如图 1.45 所示。

图 1.45　弹射起飞

　　弹射起飞方式集合了滑跑起飞和火箭助推的优点,对跑道要求低,受外界环境干扰小,成功率高,成为当今轻型无人机的主要发射方式。

　　轮式起降的起落架主要用来支撑固定翼无人机的停放,并用于滑行、起飞和着陆滑跑,由支柱、缓冲器、刹车装置、机轮、收放机构组成。这种起飞方式在小型和大型无人机中应用较多。一般微型和轻型无人机没有收放机构,缓冲器也较为简单。图 1.46 展示了固定翼无人机起落架的结构示意图。

图 1.46　固定翼无人机起落架的结构示意图

（二）无人直升机平台

无人直升机是一种重于空气的航空器，与固定翼无人机由机翼产生升力不同，无人直升机主要由旋翼旋转产生相对于空气的运动，进而获得升力。除了提供升力，无人直升机的旋翼还为其提供推进力，使其具有大多数固定翼无人机平台所不具备的垂直升降、悬停、小速度向前或向后飞行的特点。但与固定翼无人机相比，无人直升机的飞行速度低、耗油量较高、航程较短。

无人直升机还有一大特点，即旋翼旋转产生的反扭效应。无人直升机的旋翼为其提供升力和推进力的同时，无人直升机的机身也会受到反扭矩的作用而产生向反方向旋转的趋势。为了克服旋翼旋转产生的反作用扭矩，一般采用在机身尾部安装尾桨或采用双旋翼设计。按照克服旋翼反作用扭矩的不同，可以将无人直升机分为单旋翼尾桨无人直升机、共轴双旋翼无人直升机、横列式双旋翼无人直升机和纵列式双旋翼无人直升机。其中前两种在无人直升机中应用较为广泛。

单旋翼尾桨的传统无人直升机由发动机、机身、旋翼、传动系统和尾桨组成。旋翼的自动倾斜器可以实现总距和周期变距操纵，尾桨一般具有总距操纵的功能。旋翼和尾桨安装有分离减速器以调节旋翼和尾桨的转速。图1.47展示了单旋翼带尾桨无人直升机实物图。无人直升机的操纵要求较高，尤其在逆风飞行和有侧风的情况下操控师更应谨慎操作。

图1.47　单旋翼带尾桨无人直升机实物图

共轴双旋翼无人直升机具有两个变桨距旋翼，彼此同轴反向旋转，抵消扭矩。其优点是机身结构更加紧凑，载荷更大，常用作大载荷无人机。

（三）多旋翼无人机平台

多旋翼无人机出现在21世纪初，它依靠若干旋翼为无人机的飞行提供升力和推进力。多旋翼无人机的旋翼大小相同，分布位置对称，通过调节旋翼转速来调整实现无人机的悬停、前进等飞行动作。由于多旋翼无人机需要对旋翼的旋转速度进行精准的同步调制，因此往往选用电机作为旋翼驱动装置。多旋翼无人机飞行稳定，操纵灵活，结构简单，体积小、重量轻、成本低，可以在人不易进入的各种恶劣环境工作，常用来执行航拍取景、实时监控、地形勘探等任务。目前，多旋翼无人机在快递等新兴领域也得到一定应用。鉴于以上优点，多旋翼无人机也最容易进入大众消费的领域。在消费领域得到广泛应用。

多旋翼无人机平台由机身主体、动力系统和控制系统组成。其中，机架、支臂、起落架、任务载荷设备构成了机身主体，电机、螺旋桨、电调、电池构成了动力系统，也是其旋翼系统。

飞控导航设备、机上数据链路构成了控制系统。多旋翼无人机的旋翼个数大多数为偶数（少数三旋翼），并对称分布在机体的前、后、左、右四个方向，多个旋翼处于同一高度平面或上下两个平面。且各旋翼的结构和半径都相同，相邻的旋翼安装正、反螺旋桨，用于抵消陀螺效应和旋转扭矩。常见的多旋翼无人机平台有四旋翼无人机、六旋翼无人机和八旋翼无人机。图 1.48 展示了四旋翼无人机的实物图。

图 1.48　四旋翼无人机的实物图

三、飞控导航系统及设备

（一）飞控

飞控导航系统是整个无人机系统的"大脑"，包括飞控导航计算机（飞控板）、传感器、执行机构等。

完整的飞控导航系统分为自动驾驶仪和飞控软件两个部分：自动驾驶仪装在飞机上，可实时监控各类传感器的运行，实时控制飞行器的状态并通过下行数据链向飞控软件传递飞行器的状态信息及有效载荷数据；飞控软件装在地面站上，为操作员提供一个控制飞行器的直观界面，可用于规划任务、监控飞行器位置及航线的地图显示，并通过上行数据链向自动驾驶仪发送命令。

大型无人机的自动驾驶仪为飞控计算机，包含数据测量、数据采集、数据处理、姿态控制、导航控制、下行链路通信等多种功能。

轻型和微型无人机将这些功能集中到飞控板上，同时将各类传感器也集中到飞控板中。因此，这类无人机的自动驾驶仪核心主要包括飞控中央处理器和各类传感器，其原理图如图 1.49 所示。

飞控板通过采集各类传感器信号，进行信号编码处理和反馈控制，解码处理后，将信号以脉冲信号输出到执行机构上控制无人机舵面进行偏转，实现相应姿态运动和航线飞行。飞控中央处理器算法集成在 DSP 中，主要包含外回路的导航控制和内回路的姿态控制。控制算法主要是经典的 PID（比例-积分-微分）控制，图 1.50 所示为 MP2028 和 ifly 自动驾驶仪。

目前，也有一些开源飞控系统，其中认可度较高的开源飞控系统有 Arduino、APM 和升级版的 Pixhawk。它们也同时具有自动驾驶仪和地面站系统，自动驾驶仪中集成了飞控处理单元和各类必需传感器单元，可以用于固定翼无人机、无人直升机和多旋翼无人机的自主飞行控制。同时具有多个外部接口和可扩展编程工具，能够满足爱好者和开发者对于飞控

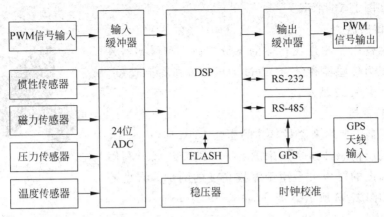

图 1.49　飞控板原理图

图 1.50　MP2028 自动驾驶仪和 ifly 自动驾驶仪

拓展功能的需求。

目前,消费级无人机领域的多旋翼主流无人机厂商也开发了自己的飞控系统,例如大疆 NAZA 系列等,除了可以应用于大疆的产品外,也可应用于散件的多旋翼无人机飞控系统中。

(二) 传感器

目前,工业级和消费级无人机上应用的传感器主要包括三轴惯性传感器、GPS 和空速传感器。一般三轴惯性传感器和空速传感器都集成在自动驾驶仪中,用于姿态测量和飞控板的姿态控制。有些情况下,GPS 传感器也集成在自动驾驶仪系统中,用于航线飞行中的导航控制。这些传感器在自动驾驶仪系统中较为常见,也是必不可少的传感器。

有些自动驾驶仪还内置磁罗盘、温度传感器等微型传感器,用于辅助姿态控制和导航控制。

此外,还有一些外部传感器,需要与自动驾驶仪连接,例如外置的转速测量、温度测量、电源电压测量、数传、图传、任务载荷状况监控等。

1. 三轴惯性传感器

三轴惯性传感器由三轴速率陀螺和三轴加速度计组成,可向飞控板提供校准后的三轴加速度和三轴角速度。一般三轴惯性传感器都集成到机载自动驾驶仪系统里,用于姿态测量和姿态控制。有些三轴陀螺还集成了 GPS 信号测量,可用于姿态控制和导航控制。三轴惯性传感器如图 1.51 所示。

2. 空速传感器

空速传感器用于测量飞行器的飞行空速。该传感器是将空速管与压力传感器相结合,通过动压和静压得到速度。空速传感器如图 1.52 所示。

3. 气压传感器

气压传感器主要用来测量气体的压强大小,其中一个大气压量程的气压传感器通常用来测量天气的变化以及利用气压和海拔高度的对应关系用于海拔高度的测量。常见的气压传感器如图 1.53 所示。

图 1.51　ADIS16355 三轴惯性
传感器

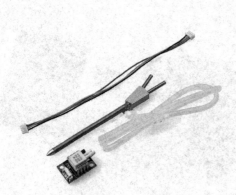

图 1.52　压力传感器

图 1.53　气压传感器

4. GPS 天线

GPS 接收天线的作用是将卫星的无线电信号的电磁波能量转化成接收机电子器件可识别的电压。天线的大小和形状十分重要,因为这些特征决定了天线能获取微弱的 GPS 信号的能力。根据需要,天线可设计成可以工作在单一的 L1 频段上,也可以工作在 L1 和 L2 两个频段上。由于 GPS 信号是圆极化波,所以所有的接收天线都是圆极化工作方式。常见的 GPS 天线如图 1.54 所示。

(a) GPS702GG天线

(b) S671575双频天线

图 1.54　GPS 天线

（三）执行机构

执行结构是一类机械伺服机构,在接收接收机和飞控计算机的执行指令后,经过解码处理,控制无人机舵面或机构偏转,响应飞控计算机的指令信号,完成相应飞行任务。执行机构主要有电液伺服机构、电动伺服机构。微型和轻型无人机上主要采用舵机来执行飞控板指令。微型和轻型无人机常用舵机如图 1.55 所示。

图 1.55　舵机

四、地面站系统及设备

地面站又称控制站,它是整个无人机系统的"神经中枢"。地面站系统硬件和软件都在地面上,通过通信链路接收和处理无人机内部传感器与外部任务载荷设备传感器的数据,远程控制无人机的起飞、飞行、着陆以及发射与回收,控制任务载荷设备的运行。

地面站系统主要分为遥测部分和遥控部分。遥测部分通过无人机上行链路与下行链路实时显示和监测无人机的飞行姿态、航线轨迹、任务执行状况等。遥控部分通过上行链路远程控制无人机的飞行状态和任务执行状态。

如图 1.56 和图 1.57 展示了大型无人机地面站、微型和小型无人机地面站的实物图。

图 1.56　大型无人机地面站的实物图

无论大型或小型无人机,无人机地面站的功能包括指挥调度、任务规划、操作控制、显示记录等,只是在微型无人机上功能有所简化和集成。

图 1.57　微型和轻型无人机地面站的实物图

指挥调度功能主要有上级指令接收、系统之间联络和系统内部调度。一般单机和微型无人机上没有这个功能。

任务规划功能主要包括飞行航路规划和任务载荷设备工作规划。该功能在无人机起飞前完成,属于飞行前准备工作。

显示记录功能主要包括飞行状态参数显示与记录、航迹显示与记录和任务载荷设备显示与记录。

操作控制功能主要包括起降操纵、飞行控制操纵、任务载荷设备操作、数据链控制等。在轻型和小型无人机上,该功能一般由多名操控师完成。主要配备如下。

(1)飞行控制操纵。该操控师主要采用地面站软件配备的计算机附属硬件系统,通过界面操作等完成无人机的起飞、航线飞行、航点切换、降落等飞行控制。

(2)任务载荷操纵。该操控师主要通过地面站软件配备的计算机附属硬件系统,在指定航点位置等完成航拍、监测、侦察、农林植保洒药、数据分析等任务载荷操纵。

(3)手动切换操纵。在轻型和小型无人机上,一般会连接外部无线电遥控设备,在起飞、降落等自动驾驶系统无法完美工作的状态下,依靠操控师的经验完成无人机在这两个阶段的手动操纵飞行,这也叫"飞手"。

对于可以完全自主起降飞行的固定翼无人机,可以不需要"飞手"。在微型多旋翼无人机上,由于没有地面站软件,没有地面站操控师,不能实现全自主飞行,必须依靠飞手全程完成其飞行控制。

大型无人机地面站由多个分站组成,每个分站分别负责显示监测和操控的子任务。各控制分站的相互关系如图 1.58 所示。

系统控制站负责在线监视无人机系统的具体参数,包括无人机的飞行数据、运行情况和告警信息。

飞行器操作控制站一般由命令控制台、飞行参数显示、无人机飞行轨迹显示组成。

任务载荷设备控制站用于控制无人机的传感器及任务载荷设备,它由一个或几个视频监视仪、视频记录仪组成。

数据分发系统用于分析和解释无人机获得的图像、传感器数据等信息。

中央处理单元由一台或多台计算机组成,用于获得并处理无人机的实时数据并进行显示处理,确认任务规划并上传给无人机,开展电子地图处理、数据分发和系统诊断,如图 1.58 所示。

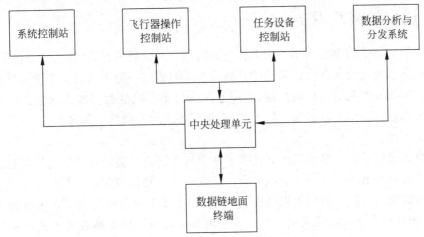

图 1.58 无人机地面站操作控制配置图

地面站软件通过图形化显示方式实现地面站的显示和操控功能。地面站操控主要有以下作用。

(1)任务规划。可设置飞控参数,可标定与设置传感器参数;进行 PID 参数实时调整,可视化编辑飞行航线(航点)。

(2)控制任务载荷。

(3)显示。可加载电子地图,图形化监视与控制飞行状态,实时显示飞行器的姿态和航线信息,即无人机的位置、高度、速度、爬升率、飞行方向、俯仰角、侧滚角、偏航距等。

(4)能够存储并回放飞行数据。

(5)具有警告和应急功能,即 GPS 卫星、发动机停车、电压异常、爬升率过大、俯冲速度过大、无人机关键部件受损等紧急情况发生时发出警告,如图 1.59 所示。

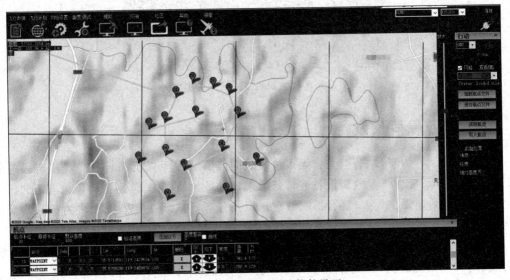

图 1.59 无人机地面站软件界面

微型和轻型无人机的自动驾驶仪一般和地面站系统配合使用。例如,APM飞控采用Mission Planner地面站软件进行任务规划、参数设置、航迹设置和飞行控制等。

五、通信链路及设备

无人机的通信链路主要指用于无人机与地面站之间的数据传输,包括指令信号传输、姿态等遥测数据信号传输和图像信号传输。通信链路需要完成地面站对无人机的遥控、遥测、任务传感器监测及控制等信息的传输,实现地面站与无人机的数据收发和跟踪定位。通信链路为无人机系统提供了双向通信能力,可以采用按需求开通的工作模式,也可以采用连续工作模式。

无人机的通信设备主要包括机载链路设备和地面链路设备。机载链路设备是指无人机上用于通信联络的电子设备——机载电台。机载电台一般由发射机、接收机、机载天线、控制盒和电源组成。发射机和接收机是机载电台的主体,其中发射机用于发送视频和无人机飞行数据,接收机用于接收地面站指令。发射机和接收机一般安装在无人机电子舱内。视距内通信的无人机大多采用全向天线,超视距通信的无人机大多采用自跟踪抛物面天线。

无人机的地面链路设备由地面终端硬件、地面通信电线组成。地面终端硬件一般集成在无人机地面站中,部分地面链路终端会配备独立的显示控制界面。用于视距内通信的地面通信天线通常采用鞭状天线、八木天线和自跟踪抛物面天线,用于超视距通信的地面通信天线通常采用固定卫星通信天线。图1.60展示了无人机机载通信天线实物图,图1.61展示了无人机地面通信电线实物图。

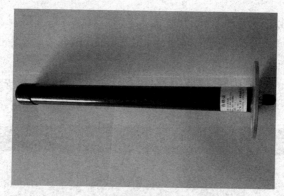

图 1.60　无人机机载通信天线实物图

六、任务载荷及设备

任务载荷又称为有效载荷,是指无人机装载的能够实现无人机飞行所完成特定任务的仪器、设备和分系统。任务载荷设备通常是无人机上最为昂贵的部分,也属于无人机的核心部分。任务载荷通常由无人机的尺寸、载重量以及任务需求所决定。无人机的任务载荷可以分为光电类任务载荷、投放类任务载荷、获取类任务载荷和其他任务载荷。

光电类任务载荷主要用于无人机执行侦察、监控、巡视、航拍等任务,常用的光电类任务载荷有可见光载荷、红外热像仪、紫外热像仪、合成孔径雷达、激光雷达以及多光谱

图 1.61　无人机地面通信天线实物

相机等。

　　无人机可见光任务载荷主要有光学相机和光学摄像机。光学相机具有极高的分辨率，是无人机最早使用的侦察设备；光学摄像机具有体积小、质量轻、灵敏度高、抗冲击振动能力强、寿命长等特点，它常与红外成像仪组成双光吊舱系统，满足全天候实时图像监测需要。图 1.62 展示了光学相机和光学摄像机的实物图。

(a) 光学相机　　　　　　　　　　　　　　(b) 光学摄像机

图 1.62　光学相机和光学摄像机

　　红外热像仪通过探测目标的红外辐射，将红外图像转换为可见光图像来发现并获取目标参数，红外热像仪可以实现全天候探测、监视目标。图 1.63 展示了红外热像仪的实物图，图 1.64 展示了红外热像仪拍摄的图像。

图 1.63　红外热像仪

图 1.64　红外热像仪拍摄的图像

　　紫外热像仪常作为无人机执行电力巡检任务时的任务载荷设备,它利用特殊仪器接收高压设备电离放电产生的紫外线信号,经过处理后成像并与可见光图像叠加,来确定电晕的位置和强度进而评价高压设备的运行情况。图 1.65 展示了紫外热像仪拍摄的图像及其电晕分析结果。

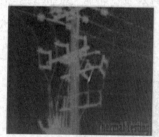

图 1.65　紫外热像仪拍摄的图像及其电晕分析结果

　　投放类任务载荷主要用于军用无人机的武器装备投放、农用无人机执行植保作业、无人机快递及民用无人机执行通信架线等任务。图 1.66 是八旋翼无人机上搭载的农药喷洒任务载荷。

图 1.66　八旋翼无人机上搭载的农药喷洒任务载荷

获取类任务载荷主要用于无人机执行大气环境监测、气体检测与采样、气象数据采集等任务。图 1.67 展示了无人机上搭载的气体检测类任务载荷。

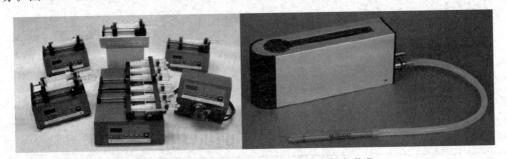

图 1.67 无人机上搭载的气体检测类任务载荷

无人机其他类任务载荷主要包括通信类任务载荷、科学实验类任务载荷以及中继类任务载荷。其中,无人机搭载的科学实验类任务载荷主要是为自动控制、先进传感技术、人工智能等领域的科学研究提供硬件支持。

第 二 章

无人机控制原理

在无人机防控任务中,不论是探测还是反制技术,都是根据以下四种无人机控制原理进行探测或干扰来达到防控目的的操作。本章原理性内容学习是为后续更好地理解防控技术。典型航拍无人机的内部电路系统结构图如图 2.1 所示。

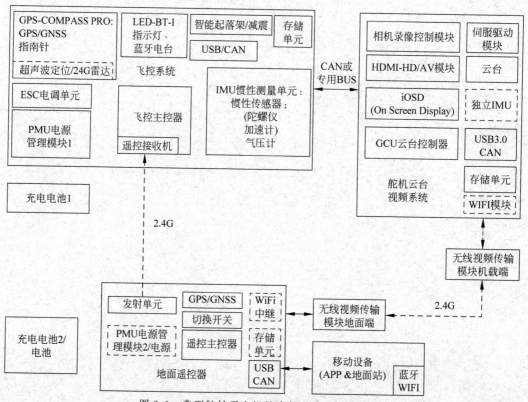

图 2.1 典型航拍无人机的内部电路系统结构图

第一节　飞控控制原理

飞控是一个典型的反馈控制系统,它可以代替驾驶员控制飞机的飞行。

假设要求飞机做水平直线飞行,驾驶员是如何控制飞机的呢?

飞机受干扰(如阵风)偏离原姿态(例如飞机漂移),驾驶员用眼睛观察到仪表板上陀螺地平仪的变化,用大脑做出决定,通过神经系统传递到手臂,推动驾驶杆使升降舵向下偏转,产生相应的下俯力矩,飞机趋于水平。驾驶员从仪表盘上看到这一变化,逐渐把驾驶杆收回原位,当飞机回到原水平姿态时,驾驶杆和升降舵面也回原位,如图 2.2 所示。

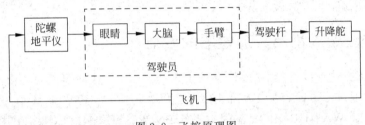

图 2.2　飞控原理图

自动飞行的原理如下:飞机偏离原始状态,敏感元件感受到偏离方向和大小,并输出相应信号,经放大、计算处理,操纵执行机构(如舵机),使控制面(例如升降舵面)相应偏转。由于整个系统是按负反馈原则连接的,其结果使飞机趋向原始状态。当飞机回到原始状态时,敏感元件输出信号为零,舵机以及与其相连接的舵面也回原位,飞机重新按原始状态飞行。由此可见,飞控中的敏感元件、放大计算装置和执行机构可代替驾驶员的眼睛、大脑神经系统与肢体,自动地控制飞机的飞行。这三部分是自动飞行控制系统的核心,即飞控。飞控与飞机组成一个回路。这个回路的主要功能是稳定飞机的姿态,或者说稳定飞机的角运动。放大计算装置对各个传感器信号的综合计算,即控制规律应满足各个飞行状态的要求,并可以设置成随飞行条件变化的增益程序。

如果用敏感元件测量飞机的重心位置,由于飞机还包含了运动学环节(表征飞机空间位置几何关系的环节),这样组成的控制回路,简称制导回路。这个回路的主要功能是控制飞行轨迹,如飞行高度的稳定和控制。

超声速飞机问世后,飞行包线(飞行速度和高度的变化范围)扩大,飞机自身稳定性变差。例如,飞机自身的阻尼力矩在高空因空气稀薄而变小,阻尼比下降致使飞机角运动产生强烈的摆动,仅靠驾驶员操纵飞机较为困难。为解决这类问题,飞机上安装了角速率陀螺、迎角传感器、法向加速度计等,它们和放大器、串联舵机组成阻尼器或增稳系统,进而引入驾驶员的杆力/杆位移传感器信号,构成控制增稳系统,可以增大阻尼、改善动稳定性,增稳和控制增稳系统还可增加静稳定性和改善操纵性。飞机上安装了阻尼器和增稳系统,就好似成了一架稳定性能较好的新飞机。

从控制回路的分析和设计上看,阻尼器或增稳系统是飞控(姿态角控制回路)的内回路。但是,从工作方式上看,阻尼器或增稳系统与飞控不同,阻尼器从飞机起飞就投入工作,这时驾驶员仍然直接操纵飞机。飞控则仅在飞机完成空中配平(指飞机力矩的平衡和杆力的平衡)后才能接入,此后驾驶员通过飞控操纵台上旋钮或侧杆操纵飞机。增稳系统、控制增稳系统工作时驾驶员仍需直接参与,不符合自动飞行的定义,不属于飞控的功能范围。

第二节 通信链路发展与原理

无人机数据链作为无人机测控通信系统的重要组成部分,主要完成上行控制指令的下达和下行图像传输(以下简称图传)及状态信息数据的传输。为了提高无人机数据传输的稳定性和可靠性,目前市场上绝大多数无人机采用跳频通信方式实现在复杂电磁环境及高噪声信道条件下的稳定通信。本节通过分析无人机数据链路通信系统及其信号特征,为以后研究针对性的电磁干扰方法做准备。

一、航模、无人机及其遥控器的发展

早期多为无控制或线控,无线遥控设备在 20 世纪 70 年代逐渐成为主流。2003 年前航模设备主要由日本、德国、韩国及中国台湾等地区生产,其中有日本 FUTABA、JR、HEROROB、SANWA、HIROBO;德国 GRAUPNER;韩国 HITECH;中国台湾雷虎、先豪、亚拓。

在 2003 年后中国本土企业纷纷成立,利用掌握的遥控和陀螺技术制造航模,由于物美价廉,同类产品价格不到日本产品的 1/5,因此在美国市场爆发式的增长。此段时期较为知名的有深圳易思凯的四通道共轴双桨机型的 LAMA V3,以其工艺精良、外观精致广受欢迎(图 2.3)。

(a) E-SKY LAMA V3   (b) HOBBICO AXE CP400

图 2.3   直升机

随着整机的发展,形成了专业设备如遥控、飞控(早期是陀螺仪)、充电器、电子调速器等设备厂商。其中遥控器前期投资大,涉及飞机功能、无线通信、结构外观等专业性技术,由于特别容易受外界环境影响,其稳定性对整个飞行器有决定性影响。经过数年的发展中国已经打破国外品牌一统天下局面,甚至在国外已经稳步占领市场,其发展也经历以下多个阶段。

(一) FM 低频模拟调制时代

2001—2008 年,航模遥控器多用 35MHz、40MHz、72MHz 三个专属频段,每个频段可使用带宽为 1MHz。各国规定不同,如日本不可以用 72MHz。当时调制使用模拟 FM 调制、PPM 信号,各厂家遥控和接收互相兼容,配不同频点可拔插晶体(如 72.180MHz、72.890MHz)来区分,同一场地同一波段最多 6 个人可以互不干扰地使用。此时国外品牌主要是 FUTABA、

JR、HITECH。国内先后有深圳振华、易思凯，广州华科尔，西安孵化，深圳乐迪、环球飞、天地飞，东莞富斯，广州驰远，无锡日冠(仅做接收机)。其中日冠的二次混频接收机性能超越国内外所有同行，在国际市场上享有盛誉，是国产品牌首次超越日本 FUTABA、JR 等品牌(图 2.4)。

(a) 72MHz FUTABA T6X　　(b) 乐迪35MHz接收机　　(c) 35/40/72MHz乐迪 T6HP

图 2.4　遥控器/接收机

（二）2.4G 数字调制时代

随着航模群体的日渐增大，同一场地经常频率"撞车"，造成飞机被就近的遥控抢夺控制权，更大带宽的数字调制成为航模发展的趋势。ISM(Industrial Scientific Medical)频率资源中的 2.4G(2400～2483.5MHz)波段为全世界开放波段，此波段可无须授权使用，只要符合各国无线标准，如美国 FCC，欧盟 CE，任何电子设备均可使用。自 2008 年起，航模遥控器进入了 2.4G 时代。在这场通信技术的升级中，厂商格局发生了变化，国外日本 FUTABA、JR 依然是行业引领者，美国 SPECTRUM 借 2.4G 占领了美国大部分市场，德国 GRAUPNER 和韩国 HITECH 由于性价比低使用者日少。当时国内的相关厂家为华科尔、富斯、天地飞、乐迪、驰远、深圳艾特、兴耀华、麦克、无锡睿思凯。现在国内市场上主要有天地飞、富斯、乐迪、睿思凯等。其中，富斯凭借价格优势一度在国外市场保有量较高；睿思凯利用成熟强大的开源软件加上强大的硬件设计水平深受好评，现在在美国市场上的受欢迎度已超越美国本土品牌 SPECTRUM；乐迪自 2015 年推出新品后在国内外占有率逐月上升。

（三）2.4G 扩频技术应用

ISM 有 83.5MHz 带宽，远比专属的低频波段如 72MHz 的 1MHz 带宽高，可以允许同时使用更多遥控器，加上数字调制后可配置每台遥控的 ID，避免了互控危险。由于 2.4G 为开放波段，WiFi、蓝牙等电子设备也使用同样波段。但因为是开放波段，遥控之间、不同品牌遥控器、遥控器和其他设备如 WiFi 的相互干扰日益严重，特别是近年来家庭 WiFi 的普及和城市 WiFi 的建设，使得 WiFi 无处不在。之前难得失控的遥控器如 FUTABA 也遇到来自其他品牌遥控器和城市 WiFi 的干扰，也出现遥控距离变近或遭遇失控。抗干扰已经是遥控器厂商无法回避甚至决定生死的课题。扩频通信是抗干扰的最有效技术。最常用的扩频通信有直接序列扩频，简称 DSSS(Direct Sequence Spread Spectrum)和跳频扩频，简称

FHSS(Frequency Hoppoing Spread Spectrum)。FUTABA 的 ASST 技术属于 FHSS,睿思凯采用的是 FHSS 技术,华科尔、天地飞、乐迪采用的是 DSSS 技术。其中睿思凯和 FUTABA 最新遥控器采用了美国 TI 的 CC2500,FSK 数据调制技术,睿思凯使用开源程序,该开源程序使用了 FHSS 扩频技术。华科尔、天地飞采用美国 CYPRESS 的 CYRF6936,使用芯片自带的 FSK 调制的 DSSS 技术。乐迪 T7F、T8F 等 T 系列采用 TI 的 CC2500,AT9、AT10 的 A 系列采用的是 TI CC2533 自带的 QPSK 调制的 DSSS 技术。富斯使用的是中国台湾笙科电子的 A7105,采用的是 FSK 调制,芯片不自带扩频功能(见图 2.5)。

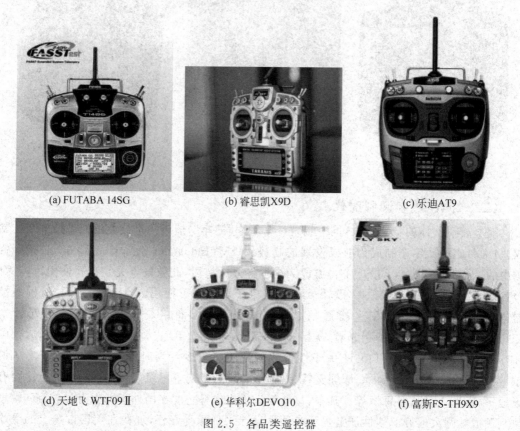

(a) FUTABA 14SG　　　(b) 睿思凯X9D　　　(c) 乐迪AT9

(d) 天地飞 WTF09Ⅱ　　　(e) 华科尔DEVO10　　　(f) 富斯FS-TH9X9

图 2.5　各品类遥控器

（四）2.4G COFDM 图传遥控二合一无人机时代

自 2012 年无人机采用图传遥控二合一技术后,随即出现了 FPV(First Person View)超视距飞行。由于采用了姿态控制、气压定高、GPS 定点的无人机飞控技术以及相机三轴云台稳定系统,极大地促进了 FPV。这对实时的图传产生了需求,目前 DIY 市场上主要是 5.8G 模拟传输配合 2.4G 遥控(使用不同波段防止互相干扰)。2015 年大疆广泛采用上海酷芯微无线方案,遥控和图传都使用 2.4G 波段的无线整合链路,其中遥控采用低速率窄带的 FHSS 扩频通信,图传采用信道可叠加的高频谱利用率 COFDM(类似手机 4G 技术)宽带传输,COFDM 在同等频率带宽下能传输远比实际需求更高的速率(好比手机 4G 和 3G),以较低的速率来获得更远的传输距离,遥控和图传使用不同信道,实现了远距离遥控和高清数字图传互不影响的无线整合,当然也包含了飞行器状态信息的回传。

二、无人机通信链路的原理

无人机通信链路按照传输方向可以分为上行数据链和下行数据链。工业和信息化部规定的无人机上行链路频段范围是 840.5～845MHz，下行遥测与信息传输链路频段是1430～1444MHz，备份频段是 2408～2440MHz。上行数据链由地面站发射设备向机载接收设备发送无人机的飞行控制和有效载荷指令。下行数据链由机上发射设备向地面站接收设备发送应答指令和无人机状态信息，同时发送图像数据、载荷数据、激光测距雷达数据等传感器数据。通信链路也可以实现无人机的精确定位和辅助导航，通过确定无人机与地面站天线之间的方位角和距离测量无人机的具体位置。

目前，市场上消费级和工业级的微型和轻型无人机通信链路较为简单，主要分为无线电遥控器与无人机接收机的上行传输链路、无人机的飞控与地面站等数据信号双向链路和无人机与地面站的下行图像传输链路。其中，无线电遥控器与无人机间的通信为上行链路通信，用于对微型和轻型无人机的手动飞行控制该链路。地面站与无人机间的图像通信为下行链路通信，采用机载图像传输设备将视频图像回传地面站。地面站与无人机间的飞控参数通信为双向通信，主要上传地面站控制信号、任务载荷的命令信号，下传无人机的飞行航迹控制和状态信号。有时将这三条链路整合成两条链路。如无线电遥控和地面站系统连接，直接通过地面站软件和无人机同时实现无线电遥控通信和飞控参数通信。

各链路的频段范围如下。

（1）无线电遥控器与无人机机上接收机通信链路。该链路频段取决于无线电遥控器的频率。目前，市场上的遥控器主要是 72MHz、433MHz 及 2.4GHz。其中，以 2.4GHz 脉冲型无线电信号稳定性和抗干扰性最好，也是目前 RC 遥控器广泛使用的频率。

（2）无人机与地面站飞控参数通信链路。该链路取决于数传电台的链路。目前，主要的商用数传电台 9xTend、Xbee 数传电台频率为 900MHz，其抗干扰性较好，传输速率快，作为无人机与地面站传输的主要频率。

（3）图像传输链路。该链路与数字传输链路分开。由于图像传输数据量大，需要带宽较大，目前主要有低端的模拟信号链路传输和高端的数字信号链路传输，频率是 1.2GHz、2.4GHz 和 5.8GHz，主流设备为 5.8GHz 模拟信号传输。但由于带宽限制，目前实时图传的误码率较高，抗干扰性能差且功耗很大。即使错开频点，邻近距离的影响也很明显。

需要说明的是，这些民用无人机的三条链路频段均不是工业和信息化部规定的无人机通信链路频段范围，且 2.4GHz 是社会公用频段，靠近基站发射源时，干扰很大。无人机数据链路的工作过程如图 2.6 所示。

在无人机通信链路中，开发者也会考虑抗干扰的问题，通常会以扩频通信和跳频通信的形式避开干扰。

1．扩展频谱通信

扩展频谱通信（Spread Spectrum Communication）是将待传输信息用扩频编码调制，将频谱扩展后在宽带宽信道中传输，接收端使用与发射端同步的扩频码解扩恢复原始数据的通信方式。

根据香农定理，信息的传输速率受到信号发射功率、信道带宽及加性噪声的限制，香农

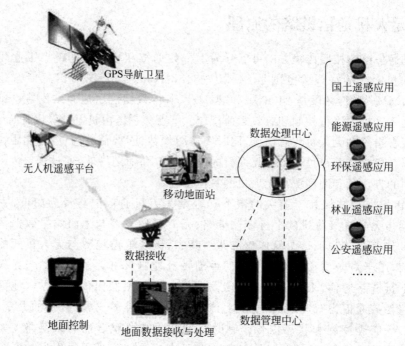

图 2.6　无人机数据链路的工作过程示意图

信道传输公式描述如下：

$$C = B\log_2(1 + S/N)$$

式中，C 为信道容量（单位 bit/s），表征最大信息传输速率；B 为信道带宽（单位 Hz）；N 为加性噪声功率（单位 W）；S 为信号输出功率（单位 W）；S/N 为功率信噪比。香农信道传输公式表明，在低信噪比条件下，使用频谱扩展技术，将原信号带宽扩展，也能够获得足够的信道容量，实现强背景噪声和干扰下的稳定通信。

扩频通信系统主要有如下特点。

（1）抗干扰能力强。扩频通信在传输信息时使用较宽的带宽，在接收端采用相关检测方法解调，这样，分布在宽频带内的噪声只有很微弱的成分进入接收机，从而实现干扰抑制。另外，利用扩频码的自相关特性，可轻易地提取或合成出多径信号中的有用信号，从而实现抗多径干扰。

（2）可进行码多分址，提高频谱利用率。不同码型的扩频码之间具有优良的自相关和互相关特性，多个用户使用不同的扩频码能够在同一宽频带中同时通信而不互相干扰。

（3）隐蔽性和安全性高。扩频通信系统中，信号淹没在噪声中，并且扩频信号的功率谱密度极低，想要获取信号的相关参数很困难，不易被察觉并截获，因此具有较好的隐蔽性和安全性。

（4）易于定时和测距。扩频通信系统中较宽的扩展频谱决定了扩频码的速率高，而高速率的扩频码的码元宽度很短，测量的精度取决于码元宽度，因此，扩频通信系统适合精确定时和测距。

工程上，常用的频谱扩展方式如下。

（1）直接序列扩频（DS-SS，Direct Sequence Spread Spectrum），简称 DS；

（2）跳频扩频（FH-SS，Frequency Hopping Spread Spectrum），简称 FH；

（3）线性调频（Chirp Modulation），简称 Chirp；

（4）跳时扩频（TH-SS，Time Hopping Spread Spectrum），简称 TH。

2. 扩频通信系统原理

扩频通信系统基本结构如图 2.7 所示。发送端，信源信息经信息调制后得到数字信号，通过伪码展宽数字信号的频谱，再进行载波调制后将信号频率搬移至射频后发送。接收端，接收到射频信号后与本地伪码进行相关解扩，解调后恢复原始基带信息。

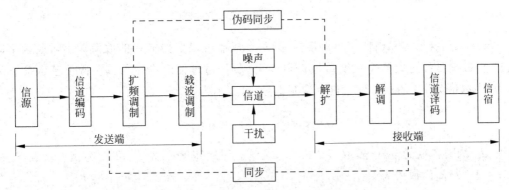

图 2.7　扩频通信系统基本结构框图

在普通数字通信系统的基础上，扩频通信系统增加了信号扩频和解扩的部分。

另外，同步部分需要进行伪码同步。扩频调制和解扩：扩频调制是将传输信号使用某种扩频码调制后将信号频谱宽度增大，并导致信号功率谱密度减小。解扩时，使用与发送端相同的伪随机序列，使传输信号频谱恢复原有宽度，但信道中引入的噪声和干扰此时经过扩频码扩频后频谱被展宽，功率谱密度降低。通过接收机带通滤波器的噪声和干扰被极大地抑制，从而实现了优良的抗干扰能力。

3. 跳频通信系统概述

跳频通信是通过改变发送信号的载波频率从而实现扩频通信目的的通信手段，本质上为载波频率依据一定规律不断变化的多频频移键控，载波频率变化的规律称为跳频图案，而频率变化的速率称为跳频速率。

根据跳频速率的快慢，可将跳频系统分为快跳频和慢跳频。一般认为，每个发送符号都有至少一次频率跳变的系统称为快跳频系统，而在频率跳变的时间间隔内发送了两个或两个以上数据比特的系统被称为慢跳频系统。习惯上，小于 100 跳/s 的称为慢跳频；100～1000 跳/s 的称为中跳频；大于 1000 跳/s 的称为快跳频。

目前，民用无人机市场上的小型民用无人机数据链路跳频频率大致为 70 跳/s，为慢跳频系统。

作为扩展频谱通信的一种，跳频通信与基于其他扩频方式的扩频通信系统相比有一定的优越性，它并不将伪随机码直接发送，而是用来选择信道。目前跳频通信技术在军用和民用领域皆有广泛的应用，并应用于电磁领域的干扰和抗干扰。

4. 跳频通信系统的组成及原理

跳频通信系统的组成框图如图 2.8 所示。

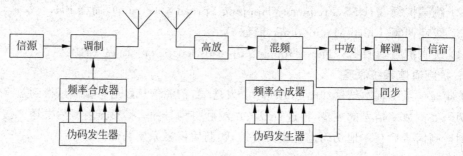

图 2.8　跳频通信系统的组成框图

发送端信源输出双极性二进制信号,频率合成器可以根据输入的数值输出对应频率的载波,信源信号经过此频率跳变载波调制至射频后,通过信道进行传输。假设基带信息为 $d(t)$,为取值为 ±1 的双极性二进制数字信号,可表示为

$$d(t) = \sum_{n=0}^{\infty} d_n g(t - nT_d)$$

式中,d_n 为要传输的信息码,取值 ±1;T_d 为信息码元宽度;$g(t-nT_d)$ 为矩形函数,仅在 $0 \leqslant t \leqslant T_d$ 时间内取值为 1。

方便起见,调制方式采用 BPSK 调制,基带信息与频率为 ω_l 的载波调制后的信号为

$$s(t) = d(t)\cos(\omega_l t)$$

由伪随机码控制频率合成器产生频率集 f_i,可表示为

$$f_i \in \{f_1, f_2, f_3, \cdots, f_N\}$$

慢速跳频系统中,每一个信息码元的时间片段内,即 $iT_d = t$ 时,f_i 取频率集中的任意一个频率。频率合成器生成不同频率的载波与 $s(t)$ 相混频就得到了最终的跳频射频信号。

$$s(t) = Ad(t)\cos[(\omega_l + f_i)t]$$

接收端接收机接收到的信号不仅包括原射频信号,还包含背景噪声和干扰噪声,记为 $s'(t)$,可表示为

$$s'(t) = s(t) + N(t) + J(t)$$

式中,$N(t)$ 为信道中引入的加性高斯噪声;$J(t)$ 为有意或无意的干扰信号。信号解调时,需要同步系统生成与发射端跳变载波的频率与相位皆相同或接近的本地载波后进行混频,经过低通滤波器后得到解调信号 $s_0(t)$,其表达式为

$$s_0(t) = [s(t) + J(t) + N(t)] * h(t) = \frac{1}{2}d(t) + N'(t) + J'(t)$$

式中,$h(t)$ 为低通滤波器的冲击响应,低通滤波的过程在时域上表现为卷积运算;$N'(t)$ 为白噪声通过低通滤波器的成分,跳频系统对其没有处理增益;$J'(t)$ 为人为干扰通过低通滤波器的成分,由于干扰方没有跳频系统的频率信息,所以干扰信号一般为带限的定频信号,在解调的过程中,相当于对其进行了跳频扩频,干扰信号也就无法或只有少量的功率能够通过滤波,从而实现了抗干扰。我们用跳频处理增益来衡量跳频系统的性能,可表示为

$$G_{FH} = 10\lg N_F (\text{dB})$$

式中,N_F 为实际利用的信道数。跳频处理增益可理解为:在相同干扰效果下,对跳频系统

进行干扰的干扰功率与对单信道定频通信系统进行干扰的干扰功率比值。

跳频频率随时间变化的规律称为跳频图案或跳频序列,可用图 2.9 表示。

接收端使用载波同步技术产生与跳频图案吻合的本地载波,与接收到的射频信号混频后便能得到携带有信源信息的基带信号。对于各种干扰信号和噪声而言,干扰信号频率无法与跳频信号同步,经混频后无法通过中频滤波,无法有效地对通信系统进行干扰,从而实现抗干扰的目的。

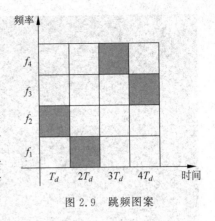

图 2.9 跳频图案

5. 跳频系统性能指标

衡量跳频通信系统的性能指标如下。

(1) 跳频带宽:跳频系统中,系统占用的最高频率与最低频率之间的频率资源称为跳频带宽,一般而言,跳频带宽越大,抗干扰性能越好。目前,民用小型无人机跳频带宽分布在 $50 \sim 100$MHz。

(2) 信道间隔:两个相邻信道之间的频率差称为信道间隔。民用小型无人机的信道间隔约为 2MHz。

(3) 跳频频率数目:跳频频率数目为跳频系统能够利用的信道数目或跳频集内的频率总数,虽然跳频系统工作时可能用到多个可用的频道,但某一时刻,通信系统只利用跳频频率集中的一个频点传输信息,常见的小型无人机的跳频频率数目一般为数十个。

(4) 跳频处理增益:跳频系统中,某一时刻出现的瞬时频谱带宽只会占用跳频带宽的一部分,虽然会稍稍大于相同传输速率条件下的定频传输带宽,但仍然会获得极高的扩频增益,跳频处理增益可定义为跳频带宽和解跳后的中频带宽的比值。

(5) 跳频速率:跳频速率可描述为单位时间内跳频系统载波跳变的次数,其值决定跳频系统抗跟踪式干扰的能力。受通信信道和元器件制约,跳频频率在短波频段一般低于 50 跳/s,在更高频率的波段上,跳频速率会更高,民用无人机跳频速率基本低于 100 跳/s。

(6) 跳频周期:跳频周期为每一跳频率持续的时间,数值上等于跳频的驻留时间与信道切换时间的和,其中能够用来传输信息的时间只有驻留时间。一般情况下,信道切换时间极短,可以忽略不计,可以认为,跳频周期为跳频速率的倒数。

(7) 跳频序列周期:一个跳频系统中,频率跳变受伪随机码控制,而伪随机码的周期不能无限长,当伪随机码周期性变化时,相应的跳频频率也会出现周期性变化,这个周期可定义为跳频序列周期。跳频序列周期和跳频信号抗截获能力有关,周期越长,被有意截获并跟踪干扰的风险越小。

6. 调频系统示例

以 FUTABA 品牌的 T8FG 为例,用频谱仪对其进行测试。在 GENERAL 模式下,设置扫描时间为 1ms,就能清楚地看到遥控器的频率变化范围。它的信号基本是以 2.44GHz 为中心,左、右一共占用了将近 74MHz 的频谱宽度,如图 2.10 所示,在很宽的频率范围内以 2ms 的间隔快速跳频,它还具有预先搜索是否有信道被占用等功能。

从测试结果中可以看出,左起的第一个信道的中心频率是 2.0455GHz,往右数,最右

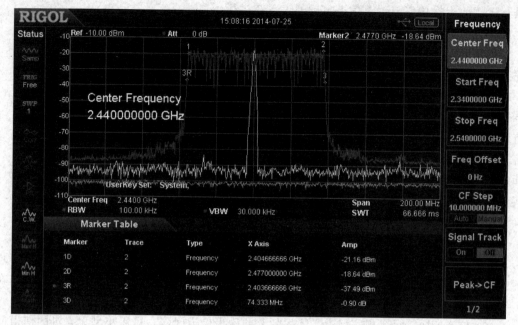

图 2.10　跳频图

边信道的中心频率是 2.477GHz,一共有 36 个信道。典型小型无人机频谱相关特性见表 2.1。

表 2.1　典型小型无人机频谱相关特性

参数	技术指标	备注
频段	2.4GHz ISM 频段	大多数无人机
	5.8GHz 频段	部分无人机
	433MHz	很少
无线电控制(RS)传输系统	跳频扩频(FHSS)系统	频率解变时间通信,低截获概率(LPI)
	无线局域网(WLAN)	标准局域网技术
最大通信范围	2.4GHz ISM 频段跳频扩频:最远 3km	
	无线局域网:500m	
	5.8GHz:视距(LOS)	通常用于下行链路,但不用于无线电控制
控制路径	用户直接控制	直视或通过所安装摄像机的输出观察
	预定义的全球导航卫星系统(GNSS)路径	使用基于空间的卫星导航系统,例如 GPS
扩频模式	跳频扩频(FHSS)、直接扩频序列(DSSS)	
调制类型	FSK2、MSK、PSK、模拟	
脉冲串长度	0.5～5ms	
跳频速率	90～300 跳/s	
脉冲带宽	300～2500kHz	
符号速率	250～2000kBd	

第三节　导航链路原理

为实现精确定位及导航,大多数无人机都搭载了全球定位系统(Global Positioning System),也称作 GPS 系统。GPS 系统始建于 1958 年,1964 年正式投入使用,到了 1994 年,覆盖全球 98% 的 24 颗卫星组成的空间星座布设完毕,具有定位精度高、观测时间短、测站间无须通视、执行操作简便、全球全天候作业、保密性强等特点,是民用领域实现导航定位的首选平台。

一、GPS 系统组成

GPS 系统利用导航卫星组成的卫星星座,能够在全球范围内全天候实时提供定位、导航服务,其基本构成包括卫星星座、地面控制站、用户接收设备。GPS 系统结构如图 2.11 所示。

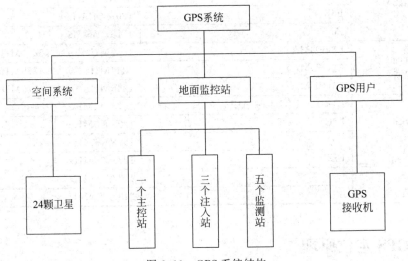

图 2.11　GPS 系统结构

目前 GPS 空间星座由 24 颗 BLOCK Ⅲ/HA 型卫星(21 颗工作卫星及 3 颗备用卫星)组成,以 12h 的周期运行于地球上空 20183km 的中高卫星轨道。GPS 卫星主要任务有:接收、存储并执行地面控制站传输来的导航信息及控制指令;进行必要的数据处理;提供高精度时间标准;将导航与定位信息通过星上成型波束天线辐射至地球表面。卫星均匀地分布在 6 个轨道面上并保证在全球任何地点、任何时间都能接收到 4 颗及以上卫星的数据。

地面控制站包含一个主控站、三个注入站和五个监测站。主控制站位于美国科罗拉多州的联合空间执行中心(CSCO),主要负责收集和处理本站和各个监测站的资料、卫星轨道和时钟校正参数计算、生成导航电文并送至注入站、协调并监控地面监控系统状态、纠正卫星轨道及调整卫星姿态、必要情况下启用备用卫星等。注入站分别位于大西洋、印度洋及太平洋上的岛屿上,其主要任务为把导航电文和控制指令注入卫星并自动向主控制站报告本站的工作状态。监测站对卫星进行持续检测、收集卫星数据和当地气象信息并发送到主控制站。

GPS 用户接收设备主要为 GPS 接收机,其可通过接收多颗 GPS 卫星信号并按定位解算算法解算出自身位置信息从而实现定位与导航。GPS 接收机工作流程为:搜索卫星信号并跟踪、寻找卫星信号相位变化、获得完整导航电文、获取星历数据、计算伪距并实现自身定位。

全球卫星导航系统(GNSS)分类及频率见表 2.2。

表 2.2　全球卫星导航系统(GNSS)分类及频率

北斗 (中国)	B1-2	1589.742MHz
	B1I	1561.098MHz
	B3	1268.52MHz
	B2I	1207.14MHz
GPS (美国)	L1-C/A,L1C	1575.42MHz
	L2	1227.60MHz
	L5	1176.45MHz
Galileo (伽利略)	E1	1575.42MHz
	E5	1191.795MHz
	E5a	1176.45MHz
	E5b	1207.14MHz
	E6	1278.75MHz
Glonass (俄罗斯)	L1(FDMA)	$1602\text{MHz}+n\times0.5625\text{MHz}$
	L2(FDMA)	$1246\text{MHz}+n\times0.4375\text{MHz}$
	L3(CDMA)	$1246\text{MHz}+n\times0.4375\text{MHz}$
QZSS (日本)	L1-C/A,L1C,L1-SAIF	1575.42MHz
	L2C	1227.60MHz
	L5	1176.45MHz
	LEX	1278.75MHz
IRNSS (印度)	L5	1176.45MHz
	S	2492.028MHz

二、GPS 定位原理

GPS 接收机通过测量卫星测距信号(PRN 码)的单向到达时间(TOA),并通过位置解算算法确定接收机位置信息,基本原理如图 2.12 所示。

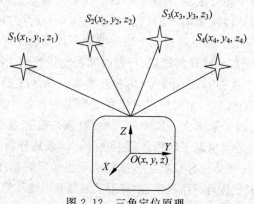

图 2.12　三角定位原理

GPS 定位系统是利用卫星基本三角定位原理,GPS 接收装置以量测无线电信号的传输时间来量测距离。由每颗卫星的所在位置,测量每颗卫星至接收器间距离,即可算出接收器所在位置的三维空间坐标值。

如图 2.13 所示,GPS 接收机同一时间可接收到多颗导航卫星信号 SVi,利用各颗卫星 PRN 码的传播时延乘以光速计算出卫星与接收机的距离,$P_i(x_i, y_i, z_i)$ 可从卫星信号的导航电文中获得。

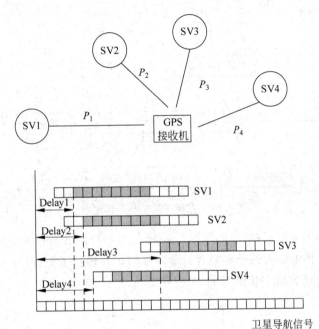

图 2.13 GPS 定位原理

联立以下方程组即可求解接收机自身位置 (x, y, z):

$$\begin{cases} P1 = \sqrt{(x-x_1)^2 + (y-y_1)^2 + (z-z_1)^2} \\ P_2 = \sqrt{(x-x_2)^2 + (y-y_2)^2 + (z-z_2)^2} \\ P_3 = \sqrt{(x-x_3)^2 + (y-y_3)^2 + (z-z_3)^2} \\ \vdots \\ P_i = \sqrt{(x-x_i)^2 + (y-y_i)^2 + (z-z_i)^2} \end{cases}$$

由于式中有三个未知数 x, y, z,因此至少要同时收到三颗导航卫星的信号才能完成接收机位置的解算。实际环境下,GPS 定位会受到卫星及接收机时钟差影响,信号传输过程中受到的电离层及对流层产生的时延,位置解算会出现较大误差,因此,GPS 定位至少需要第四颗卫星的数据来进行位置校准以保证精确。

三、直接序列扩频

GPS 系统是一种典型的直接序列扩频通信系统,直接序列扩频利用扩频码在发射端用高速率的扩频序列对信号频谱进行扩展,在接收端使用和发射端相同的扩频码对信号进行解扩,从而实现了信号宽信道传输。这种系统具有一系列优点,例如:发射功率小、抗多径、抗干扰、易实现的码多分址、抗跟踪干扰及抑制远近效应等。

直接序列扩频的一般工作原理如图 2.14 所示。

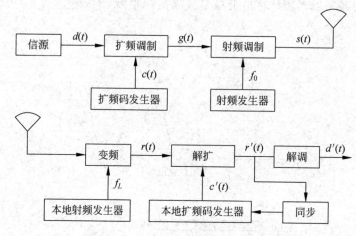

图 2.14   直接序列扩频工作原理

发射端,信源信号 $d(t)$ 与扩频码序列 $c(t)$ 进行波形相乘后得到频谱扩展后的直接扩频信号 $g(t)$。传输过程中加入的干扰和背景噪声在解扩时进行了扩频,极大地降低了干扰信号的频谱密度,从而达到抗干扰的目的,示意图如图 2.15 所示。

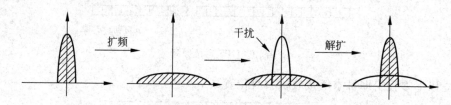

图 2.15   直接序列扩频抗干扰原理

由于 GPS 卫星的扩频码和数据码的码率较低,其 C/A 码和 P 码速率为 1.023Mb/s 和 10.23Mb/s,其数据码的码率只有 50b/s,因此需要将低频的导航信号调制到高频率的载波上进行传输,在民用领域主要考虑 C/A 码,因此载频 f_0 为 L 波段的 L1 载频(1575.42MHz)。射频调制采用移相键控调制方式,常用的有二相相移键控(BPSK)调制,其特点为:当扩频信号 $g(t)$ 信号值改变时,载波发生 180° 相移。

接收端,产生于发射端载波频率相差一个中频的本振信号,与接收到的射频信号混频滤波后,可将将射频信号搬移至基频,然后与扩频序列 $c'(t)$ 进行模二乘,这里 $c'(t)$ 与发射端扩频码发生器产生的 $c(t)$ 波形相同且相位同步,从而实现相关解扩,经信息解调后可恢复传输信息。在直接扩频通信系统中,最常采用的信息调制方式为相移键控,使用 BPSK 的直接扩频调制时域波形如图 2.16 所示。

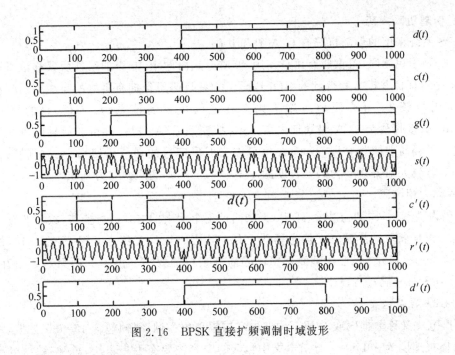

图 2.16　BPSK 直接扩频调制时域波形

四、GPS 信号分析

（一）GPS 信号组成

GPS 导航卫星向地面全天候不间断地广播三种信号分量，分别为载波、扩频码以及数据码。GPS 卫星产生基准频率为 $f_0 = 10.23\text{MHz}$，然后用频率合成器产生其他所需信号，GPS 卫星信号组成如图 2.17 所示。

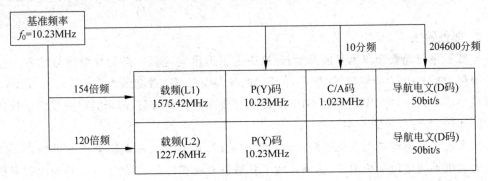

图 2.17　GPS 卫星信号组成

以下分别对 GPS 三种信号分量作简要概述。

1. 载波

GPS 卫星采用 L 频段的两种频率 L1 和 L2，其中 L1（1575.42MHz）由基准频率 154 倍频形成，L2（1227.6MHz）由基准频率 120 倍频形成。两种载波之间频率相差 347.82MHz，为 L2 频率的 28.3%，能够通过双频精确地估计电离层延迟，以提高定位与导航精度。

2. 伪随机噪声码

GPS 系统采用的伪随机码有 C/A 码和 P 码。

C/A 码为粗测码,可供所有用户使用,本质上是由两个 10 级的线性反馈移位寄存器产生的 m 序列移位并模二和得到的 GOLD 码。GOLD 码不但拥有良好的自相关及互相关特性,而且码组较多,可方便地应用于码多分址的扩频通信系统。C/A 码的码速率为 1.023Mb/s,接收整个 C/A 码周期只需 1ms,捕获到 C/A 码后,即可获得导航电文并依据导航电文可轻易地捕获 P 码,故 C/A 也可作为卫星信号的捕获码使用。C/A 码码元宽度约 293m,若码元对齐误差为码元长度的 1/100～1/10,则测距误差为 0.29～2.93m,测量精度低,故称为粗测码。

P 码为精测码,周期为 266.41 天,无法通过逐个搜索的方式进行捕获,故需要首先捕获 C/A 码并根据获取的导航电文信息捕获 P 码。P 码码片长度仅为 C/A 码的 1/10,故测量精度为 0.29～2.93m,已经能够满足精确导航与定位的要求。由于 P 码只对军用开放,本书不对 GPS 的 P 码进行讨论。

3. GPS 导航电文

导航电文又称数据码或 D 码。导航电文播报单位为帧,每帧包含 1500bit 数据,每帧历时 30s,播报速度为 50bit/s。导航电文中包含的内容主要有卫星星历、星钟参数、电离层延迟参数、卫星工作状态、P 码捕获信息等,用户接收机获取导航电文后便能够通过导航定位解算算法解算出当前接收机的位置信息。

(二)GPS 信号特征

1. 频率特性

民用 GPS 导航信号载波频率公开、固定,因此可使用对准性频率干扰模式对 GPS 系统进行干扰,这样使干扰功率能最大限度地通过 GPS 接收机的滤波器,以达到较好的干扰效果。

2. 能量特性

导航卫星与地表距离远且能源紧张,这决定了卫星向地面广播的导航信号功率十分微弱。根据 IDC GPS 200 规定,GPS 信号到达地球表面时,L1 载频最小功率为 -160dBW,L2 载频最小功率为 -166dBW,即使 GPS 系统具有较高的扩频增益,但仍能以有限的干扰功率对 GPS 信号进行有效的干扰。

无人机导航通信是无人机系统正常作业的关键,也是无人机电磁干扰的目标之一。本节从无人机导航定位系统出发,详细介绍了其通信方式和特点,了解了其信号构成和干扰难点,主要内容包括无人机导航定位系统原理、直接序列扩频原理及关键技术,为后文无人机干扰方法的研究和仿真实验提供理论依据和指导。

第四节　无人机飞行原理

目前市场上普遍为无变距多旋翼无人机,其飞行原理与固定翼无人机和无人直升机原理不同,主要体现在以下两方面。

（1）通过调节每个旋翼的转速大小，从而调节升力大小，实现升力的大小和方向发生变化。没有自动倾斜器，不能通过变距控制每片桨叶的攻角达到改变桨盘平面和升力的作用。

（2）通过交叉旋翼的旋转方向克服反扭力矩，而没有额外的尾桨消除主旋翼的反扭力矩。

多旋翼无人机的飞行原理为：每个旋翼均由独立的电机驱动螺旋桨旋转，利用每个旋翼的转速和转向来控制螺旋桨的拉力和侧力的大小，通过解算多旋翼的合力大小和方向，实现多旋翼无人机的飞行。另外，由于具有多个旋翼（一般为偶数个旋翼），旋翼转动过程中由于空气阻力作用，会形成与转动方向相反的反扭矩，为了克服反扭矩影响，可使四个旋翼中的两个正转，两个反转，且对角线上的各个旋翼转动方向相同。这样，可以保持多旋翼机身的稳定性，类似于无人直升机的尾桨的作用。

多旋翼无人机主要的飞行模式与无人直升机类似，主要有垂直运动、侧向运动、前后运动、俯仰运动、滚转运动、偏航运动和悬停。

下面以四旋翼无人机来说明其飞行控制原理。

垂直运动

图 2.18 为四旋翼无人机垂直运动状态下的飞行原理示意图。一般四旋翼飞行器四个螺旋桨依次按照顺时针安装、逆时针安装、顺时针安装、逆时针安装。由图 2.18 所示可知，电机 1 和电机 3 逆时针旋转，电机 2 和电机 4 顺时针旋转，四个电机带动螺旋桨均产生向上升力的同时，转向相反的相邻电机平衡了机身的反扭矩。如果同时增加四个电机的输出功率，旋翼转速增加使总的拉力增大，当总拉力足以克服整机的重量时，四旋翼飞行器便离地垂直上升。反之，如果同时减小四个电机的输出功率，四旋翼飞行器则垂直下降，直至平衡落地。当外界扰动量为零时，在旋翼产生的升力等于飞行器的自重时，飞行器便保持悬停状态。

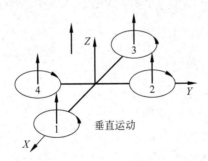

图 2.18　四旋翼无人机垂直运动状态下的飞行原理示意图

本书后续提到的鹰补式、射网式、激光打击式等物理反制手段，就是运用破坏无人机的机体结构使其不能进行正常飞行来作为反制手段。

习　　题

1. 简单阐述飞控是如何控制无人机飞行的。
2. 列举现阶段无人机通信链路频段主要分布在哪几个频段？

3. 习题 2 所列举的频段各有什么特点？

4. 简单说明跳频通信系统的特点。

5. GPS 导航系统是由哪几部分所组成？

6. 简单阐述 GPS 是如何实现精准定位的。

7. 以无人机的航向运动和俯仰运动为例,简单说明无人机的飞行原理。

第 三 章

无人机防控概论

随着无人机技术的成熟和消费级无人机的蓬勃发展,无人机所带来的负面问题也越来越多,无人机行业野蛮生长,监管缺失,一系列的问题也随之暴露出来。但是究其根源,消费级无人机造成的危害事件多,危害性大,有其必然性。消费级无人机因其技术门槛低,极易获取(超市、网络),成本低,操控简单,机动灵活,小巧隐蔽性高,使用消费级无人机制造伤害效费比极高。

第一节 无人机发展带来的问题

一、公共安全

(一) 对机场造成安全隐患

无论民用飞机还是军用飞机,其起降过程都需要一定范围的"净空"予以保护,这样才能保证飞行的安全。然而,近年来大量出现的无人机能够随时不受约束地闯入机场"净空"管理区域,引发航空不安全事件,给航空业带来巨大损失。

1. 威胁航空器起降安全

无人机直接威胁到航空器的起降安全,这是无人机飞入机场存在的最大隐患。这里以首都国际机场为例分析无人机对民航客机起降的威胁。首都国际机场三条跑道分别为3600m 长 60m 宽、3200m 长 50m 宽和 3800m 长 60m 宽。

经查询,首都国际机场进场最大指示空速(IAS)为 518.56km/h,起始进近最大 IAS 为388.92km/h;离场转弯最大 IAS 为 463km/h。

根据大疆无人机官方网站的数据(图 3.1),INSPIRE 2 无人机(型号 T650)的最大水平飞行速度可达 94km/h,普通桨的最大起飞海拔高度为 2500m,最大起飞重量为 4kg。

根据上面的数据,假设无人机与客机在进场航路立面相对运动时相遇,其情景示意图如图 3.2 所示。

飞行器

型号	T650A
重量	3440 g（含桨、两块电池；不含云台相机）
最大起飞重量	4250 g
GPS悬停精度	垂直：±0.5 m（下视视觉系统启用：±0.1 m） 水平：±1.5 m（下视视觉系统启用：±0.3 m）
最大旋转角速度	俯仰轴：300°/s；航向轴：150°/s
最大俯仰角度	P模式：35°（前视视觉系统启用：25°）；A模式：35°；S模式：40°
最大上升速度	P模式/A模式：5 m/s；S模式：6 m/s
最大下降速度	垂直：4 m/s；斜下降：4-9 m/s
最大水平飞行速度	94 km/h 或26 m/s（Sport模式下）
最大起飞海拔高度	普通桨：2500 m；高原桨：5000 m
最大可承受风速	10 m/s
最大飞行时间	约27 min（使用Zenmuse X4S） 约23 min（使用Zenmuse X7） （在海平面、无风环境下悬停测得）
动力电机型号	DJI 3512
螺旋桨型号	DJI 1550T
室内定位悬停	标配
工作环境温度	-20～40° C
轴距	605 mm（不含桨，降落模式）

云台

型号	ZENMUSE X7（选配） ZENMUSE X5S（选配） ZENMUSE X4S（选配）
角度抖动量	±0.01°
安装方式	可拆式（DGC2.0）
结构设计范围	俯仰：-140°～+50° 水平：±330° 横滚：-50°～+90°
可控转动范围	俯仰：-130°～+40° 水平：±320° 横滚：±20°
最大控制转速	俯仰：180°/s 水平：270°/s 横滚：180°/s

充电器

型号	IN2C180
电压	26.1 V
额定功率	180 W

图 3.1　大疆 INSPIRE 2 无人机技术参数

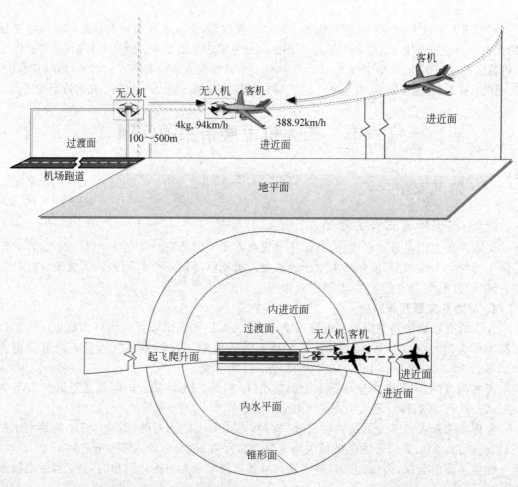

图 3.2　无人机与机场进场客机 100～500 m 低空迎面相遇示意图

　　根据物理学中的动量守恒,考虑飞机质量和无人机质量的巨大差异,无人机撞上飞机后将变成飞机相同的速度矢量运行,也就是说质量为 4kg 速度为 94km/h 的无人机在撞上飞机后变成相反方向的 388.92km/h,其速度改变量为(388.92＋94)km/h,而相撞时间极短,约为 3ms,根据牛顿运动定律,客机受到无人机的撞击作用力可以计算如下:

$$F = ma = m \times (\Delta v / \Delta t)$$

$$4\text{kg} \times [(388.92＋94)\text{km/h}/3\text{ms}] \approx 4\text{kg} \times (134\text{m/s}/0.003\text{s}) = 178666\text{N}$$

即客机受到撞击力约为 17.86 万 N 大小,这相当于一颗炮弹的能量。而无人机与客机的接触面积又极小,约为 0.02m^2,所以飞机被撞击位置受到的压强为 8.93MPa。目前,飞机材料还无法经受住如此大的压强,这样的撞击必将造成客机的严重事故。

　　图 3.3 所示为此前国外一次无人机对民航客机机翼撞击的视频截图,可以印证上面的推算,图中无人机对机翼的撞击直接导致了机翼被撞部分的折断。

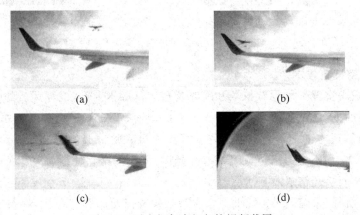

(a)　　　　　　　　　　(b)

(c)　　　　　　　　　　(d)

图 3.3　无人机与客机相撞视频截图

　　例如:

　　2013 年 12 月 29 日,首都机场以东空域发现无人机,导致机场 10 余班次航班延误起飞、两班次航班空中避让。

　　2014 年 8 月 7 日下午,新西兰皇后镇机场,一架无人机出现在跑道尽头处,一架 A320 飞机为了避免与无人机相撞不得不复飞。

　　2014 年 8 月 15 日晚 9 点左右,台中清泉岗机场上空,突然闯入一架无人机,导致一架从香港飞台中的飞机无法降落,在空中盘旋等待 30min,又因油料不足,还飞到高雄加完油,才又飞回台中降落,降落时已经是深夜 11 点 19 分,旅客被延误超过 2h。

　　2016 年 5 月 28 日,在成都双流机场东跑道航班起降空域发生因无人机阻碍航班正常起降事件,导致机场东跑道停航关闭 80min,直接造成 55 个航班不能正常起降,其中进港 26 个,出港 29 个。

　　2016 年 6 月 11 日,世界最繁忙的迪拜国际机场遭一架来历不明的无人机入侵,造成迪拜机场临时关闭 69min,从当地时间 11 日上午 11 时 36 分关闭至中午 12 时 45 分,部分航班延误 4h,22 个航班被迫改道其他机场降落。

　　2017 年 2 月 2 日 21 点 26 分,绵阳机场塔台收到一架正在降落航班的紧急报告,发现来历不明发光飞行器。塔台立即通知多个部门,立即启动了应急预案,暂停所有航班进出港。3个航班备降成都、重庆,5个出港航班延误,机场2个多小时后才恢复正常起降。据绵阳警方初步调查,怀疑是附近有人操控"黑飞"无人机,如图3.4所示。

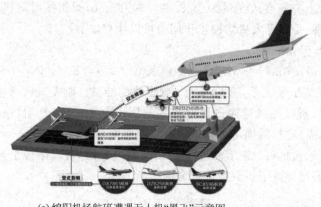

(a) 绵阳机场航班遭遇无人机"黑飞"示意图　　　　　　　　(b) 受影响航班

图3.4　2017年2月2日绵阳机场遭遇无人机"黑飞"示意图

2. 增加航空运营成本

无人机闯入净空保护区导致机场和航空公司运营成本上升,消耗大量的人力物力资源。首先,按照当前的处置方法,机场为应对无人机的威胁,需要部署大量的人员和物资予以应对,造成直接持续成本的上升;机场需要根据无人机威胁造成的影响重新调整机场起降方案,造成运营成本上升。另外,造成飞机起降延误,需要安排和处理旅客相关事宜,机场和航空公司的直接和间接经济成本巨大。

据《中国民航报》报道,2013年12月,北京某科技公司的3名员工,在没有航拍资质、未申请空域的情况下,操纵燃油助力航模无人机进行航空测绘,造成多架次民航飞机避让、延误,军队出动直升机迫降的后果。为处置此次事件,原北京军区空军组织各级指挥机构和部队共1226人参与处置,两架歼击机待命升空,两架直升机升空,雷达开机26部,动用车辆123台,造成大量人力物力损失。北京市平谷区人民法院一审判处当事人有期徒刑1年6个月,缓刑2年。

(二)造成其他安全隐患

1. 泄露国家秘密

无人机所提供携带的摄像、录音以及某些特制的窃密设备将严重侵犯乘客隐私和机场、军事基地等敏感地域的信息安全。无人机入侵机场、重要场所等,跟踪和拍摄居民的行踪,严重妨碍个人隐私,也可能造成商业机密泄露;无人机入侵军用设施,能够跟踪和拍摄军用装备的行动,对军事基地和机场等核心地域进行测绘等,这些都会造成军事秘密泄露,其泄密途径示意图如图3.5所示。

2015年11月17日下午,空军驻河北涿州某部直升机训练飞行时,在机场以西15km处发现1架低空飞行的无人机,经空军相关部门研判为"黑飞"后,迅速将这架无人机迫降于地面。同时,派出地面小分队协助地方公安力量及时赶赴迫降地域,控制住涉事人员和无人机。经初步调查,这架无人机为北京某航空科技公司所有,当日未申报飞行计划。

2017年中央电视台春节联欢晚会安保指挥部统计,截至2017年1月25日,已经驱赶

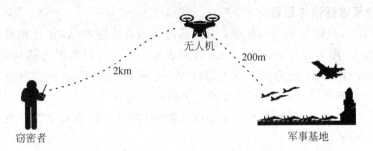

图 3.5　无人机入侵军事设施窃密示意图

违规闯入核心区域的无人机 24 架次,并且击落收缴了无人机 6 架次,避免了中央电视台春节联欢晚会节目的泄露,充分保证了场地安全。

2. 恐怖分子进行恐怖袭击

2017 年 2 月 23 日早晨,伊拉克军队对"伊斯兰国"控制的摩苏尔机场发动了进攻。在战斗中,伊拉克军队击落了 1 架在空中飞行的武装化无人机。报道这次攻击的法新社记者 Sara Hussein 随后拍摄了无人机落到地面的照片。无人机安装了一对小型炸弹——类似榴弹发射器使用的榴弹,如图 3.6 所示。

图 3.6　安装了发射器的无人机

2018 年 1 月 6 日清晨,恐怖分子操纵 13 架无人机袭击俄驻叙赫梅米姆空军基地以及塔尔图斯港,俄军无线电技术部队通过无线电技术控制了其中 6 架,其中 3 架成功降落,此外还有 7 架被"铠甲-S"防空导弹击落,此次事件并没造成空军基地以及港口的正常运作,如图 3.7 所示。

图 3.7　缴获的恐怖分子所使用无人机

3. 不法分子进行违法犯罪

2014 年 11 月,哥伦比亚当局发现:有人通过无人机运输毒品,并且在哥伦比亚索兰诺湾附近搜到 130kg 可卡因。Jose Acevedo 将军表示:无人机用来把毒品送到巴拿马,它一次能飞行 100km,携带 10kg 毒品。这些毒品和一个叫作 Gulf Clan 的犯罪组织有关。该组织有 1200～5000 名帮派分子,他们主要的任务就是运输毒品。

2015 年 1 月,一架无人机在美国和墨西哥的边境处坠毁,当局在其中发现超过 2.5kg 冰毒,如图 3.8 所示。

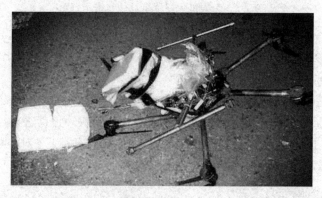

图 3.8　美国当局击落的运毒无人机

据国内媒体报道,深圳曾有走私团伙想出了一种名为"飞线"的走私方式,利用无人机将香港大量翻新的 iPhone 手机走私到深圳。在经过一个多月的抓捕工作准备后,深圳海关通报称已抓获犯罪嫌疑人 26 名,初估涉案案值高达 5 亿元人民币。深圳海关办案人员介绍,2017 年下半年,深圳海关接到群众举报,称有走私团伙在位于深圳市罗湖区罗芳村深港边境一带区域,使用无人机"飞线"走私电子产品。经查,以吴某为首的多个走私团伙租用了深圳罗湖区延芳路某小区内的两间高层出租屋,在午夜至凌晨 5 点之间,分别操控无人机架设起两条线路(俗称"飞线")连接深港走私窝点,利用"飞线"从香港一侧走私大量翻新苹果手机到深圳,如图 3.9 所示。

图 3.9　无人机利用"飞线"走私

4. 对重要政要构成安全威胁

2018 年 8 月 4 日下午,委内瑞拉国民警卫队在首都加拉加斯的玻利瓦尔大道举行成立

81 周年庆祝活动,委内瑞拉国家电视台对活动进行了现场直播。委内瑞拉总统马杜罗在活动中发表讲话,随后现场传出疑似爆炸声,并响起警报。

委内瑞拉新闻部长罗德里格斯 4 日确认,当天发生了针对委内瑞拉总统马杜罗的无人机袭击事件,马杜罗目前安然无恙。罗德里格斯说,几架携带爆炸物的无人机企图对马杜罗发起袭击,但是这个图谋被"挫败",马杜罗安然无恙,此次袭击造成了 7 名国民警卫队成员受伤,如图 3.10 所示。

图 3.10　委内瑞拉总统马杜罗被袭击

5. 对大型活动构成安全威胁

在欧洲杯预选赛塞尔维亚主场对阵阿尔巴尼亚的比赛中,进行到第 41 分钟时,一架遥控飞机悬挂着一面旗子飞进球场中央,旗帜上一面印有科索沃地图,一面印有阿尔巴尼亚地图。由于受政治因素的影响,两队发生了冲突,并导致大量球迷冲入场地而引发混乱,比赛暂停,如图 3.11 所示。

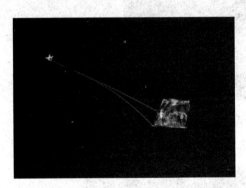 

图 3.11　欧洲杯预选赛赛场无人机飞入

澳大利亚 Geraldton Endure Batavia 三项全能比赛上,一架用于记录赛况的无人机撞向运动员 Raija Ogden,造成其头部轻微受伤,需要进行缝针治疗。无人机的操作人员 Warren Abrams 表示,引发此次事故的原因是观众偷走了其控制器。如图 3.12 所示。

二、人身安全

杭州西湖边,一架无人机突然失控,高速旋转的机翼划伤了一名游客,这名游客左眼球被拉出一道 1cm 左右的口子,如图 3.13 所示。

图 3.12　无人机撞向运动员

图 3.13　小伙子被无人机划伤

　　《布鲁克林日报》的摄像师 Georgine Benvenuto 的鼻尖和下巴被一架促销无人机撞伤。据悉,这架无人机是由 TGI Fridays 在圣诞节期间推出的一款促销商品,可用来搭载一种圣诞装饰品,如图 3.14 所示。

图 3.14　被无人机擦伤的摄像师

　　宁波无人机"黑飞"失控,砸中高速公路的货车造成两人受伤,如图 3.15 所示。

图 3.15　宁波无人机"黑飞"失控

三、隐私安全

2015 年 11 月,某网络直播平台的主播携带无人机进入某高校,并在女生宿舍附近操纵无人机升空进行直播偷拍宿舍,该直播房向人气随即刷增。不少网友留言要求主播将无人机拍摄镜头拉近,于是该主播便将无人机悬停在某女生宿舍窗外,并操纵无人机对宿舍内场景进行拍摄。这种行为显然已经侵犯到了高校女生的隐私权,事后当地民警将涉事主播及随行人员带走调查。

利用民用无人机进行偷拍侵犯公民隐私和军事机密的行为已经屡屡发生。

2017 年 5 月 22 日晚,安徽合肥幼儿师范高等专科学校女生反映,有男生操纵无人机飞到女生宿舍楼的阳台附近,往里窥探,引发女生恐慌。

2017 年 7 月 2 日晚,西安市一名男主播利用无人机直播拍摄到一女子在家的画面,观看直播的观众有 100 多人,不少网友还对主播进行了点赞与互动。事后,该男子将直播截图发在了自己的粉丝群,并将无人机形容为"偷窥神器"。2017 年 7 月 5 日,西安公安经开分局依法对该男主播做出了行政拘留 10 日的处罚决定。相关律师表示,驾驶无人机偷拍他人隐私,从民法上来说,涉嫌侵犯隐私权,而从刑法角度来说,有可能涉及侵犯公民个人信息罪,"个人居住的环境、个人在私密空间里的一些爱好习惯,这些都属于个人信息"。

以上案例揭示了无人机对国家安全和社会稳定的威胁,在当前国际政治形势复杂多变和全球反恐的严峻形势下,国内外不法分子利用民用无人机的威胁,主要体现在以下几方面。

(1) 影响民航正常飞行。近年来频发的无人机"黑飞"事件导致我国航线安全频频面临挑战,无人机不仅会破坏正常飞行秩序,还可能造成客机机身损坏,威胁乘客和机组人员的生命安全。

(2) 投掷危险物品。无人机根据自重不同可以搭载几十至几百千克的物品,例如可以携带小型炸弹、燃烧弹、燃烧瓶、危险化学品等。

(3) 抛撒和悬挂反动宣传品。激进分子在极端情结影响下利用民用无人机的挂载能力进行非理智行为,对重要场所播撒传单和悬挂反动宣传标语、横幅等,严重影响社会正常秩序以及国家形象。

(4) 走私、贩毒。通过远程操纵无人机携带货物甚至毒品跨越国境线贩卖,会极大威胁边境秩序和稳定,而且会对国内经济秩序造成冲击,从而威胁到人民群众的生命安全和健康。

(5) 拍照与远程窃听泄密。现在的无人机都可挂载航拍摄像机,一架价值几千元的普通民用无人机都可挂载防抖云台和高分辨率的高清摄像头,在无人察觉的数百米高空架设云台和高分辨率的高清摄像头,在无人察觉的数百米高空拍摄到地面人员、车辆的清晰图片,使政府机构和重要军事场所内部结构和设施没有任何保密而言,如若加装远程高灵敏度定向拾音麦克风系统可实现远程窃听。

第二节　无人机防控意义

近年来,民用无人机在航拍、农林、环保、交通、通信、气象等领域得到越来越广泛的应用。然而,也随之产生了上述一系列严重的安全管控问题。无人机未经许可闯入公共及敏感区域、意外坠落对飞行安全造成隐患、高层建筑受无人机摩擦碰撞等事件不断发生。以众多核心部门为例,都是采用以围墙为周界来进行安全保卫,内部信息系统以物理隔离的方式来实现对数据安全和周界安全的防护。据不完全统计,近年来国内外发生的因无人机所引发的重大安全事件已超过数百起,如图 3.16 所示。

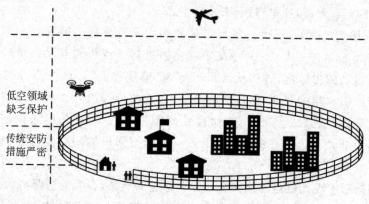

图 3.16　无人机防控

随着无人机防控技术的不断创新,低空安防系统的实现手段将不断丰富,但无论手段如何创新,其"全天候立体侦察预警"和"发现即拒止"的系统目标不会改变,在可以预见的未来,低空安保无人机防控系统将与现有安防系统不断融合,在保障重大活动和重点空域的低空安全方面发挥不可或缺的作用。

根据 2018 年数据,国内无人机销售量约为 150 万台,而根据行业分析公司 IDC 预测,2022 年中国市场消费级无人机预计出货量将达到 300 万台,呈大幅度上涨趋势。虽然民航已经出台了相关规定约束无人机,但是面对如此数量规模的无人机,没有受过专业训练的、为了满足个人兴趣的、无常识无飞行法律法规意识的用户大量存在,其监管难于在短时间内落实到位,无人机对于公众安全的威胁还会长期存在。

对机场而言,反无人机防御系统市场潜力更是巨大。至 2020 年我国总规划民用机场数量 244 个,已公开的军用机场 134 个,机场总数量达到近 400 个。

我国必须加快反无人机技术的研发和部署,使社会中重要场合具备低成本的反无人机技术手段,从而大幅降低无人机侵扰给公共安全带来的损失。

虽然无人机反制的国家技术标准尚未出台,但是在技术研究和产品研发方面,无人机管控防控已取得一系列成果。针对"黑飞"无人机探测、跟踪、识别、反制和合法无人机综合管控,涌现出不同形式、不同性能的产品,市场呈现百花齐放局面,这为标准的制定提供了必要的研究基础。

第三节　无人机入侵方式分析

一、无人机"通信链路控制＋GPS 导航"入侵

无人机的飞行控制主要来自两个方面,一方面通过通信链路控制信号控制无人机的起降、速度、姿势等;另一方面无人机需要 GPS 导航实现到达目标、返航等操作。

国内外主流无人机均采用的通信链路控制频段为 2.4GHz、5.8GHz 和 800MHz(部分行业无人机),GPS 导航频段一般在 1.5GHz,如图 3.17 所示。

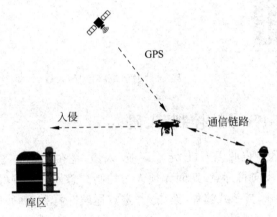

图 3.17　无人机"通信链路控制＋GPS 导航"入侵

(一)非正规厂商无人机的入侵

正规的无人机厂家会将国内禁飞区范围的经纬度信息写入无人机程序中,当无人机开机后发现抓取到 GPS 经纬度信息在禁飞区内,则无人机无法正常起飞。

非正规无人机厂家为形成卖点,不会将禁飞区范围经纬度信息写入无人机,这部分无人机依然可能入侵防区。

(二)刷机"黑飞"

一些正规无人机厂家的销售商以及部分无人机发烧友通过刷机方式,将禁飞区信息从无人机程序中擦除,从而实现无人机刷机"黑飞"。

二、无人机"通信链路控制"入侵

"通信链路控制"入侵也叫"无人机盲飞",是指只通过飞行通信控制信号控制飞行而不借助 GPS 的方式。飞手为避开禁飞区的限制,通过锡纸包裹 GPS 单元模块、刷机等方式让无人机 GPS 无法正常工作,而飞手通过纯手动方式进行无人机操控。由于此种方式无人机无法自动返航,对无人机飞手操控技能要求较高,如图 3.18 所示。

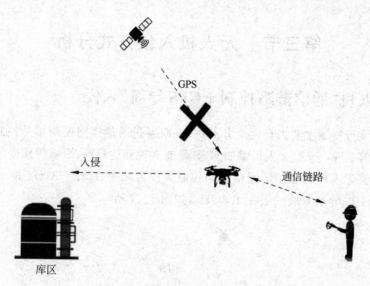

图 3.18　无人机"通信链路控制"入侵

三、无人机"GPS 导航控制"入侵

"GPS 导航控制"入侵也叫无人机"定点巡航"入侵,是在无人机飞控软件中设置目标航点,然后让无人机自动飞向目标点,期间无须人为控制。恐怖分子可将爆炸物捆绑在无人机上,直接飞向目标点实施"自杀式爆炸"袭击。"定点巡航"的无人机如果不加以防控,造成的损失将非常严重,如图 3.19 所示。

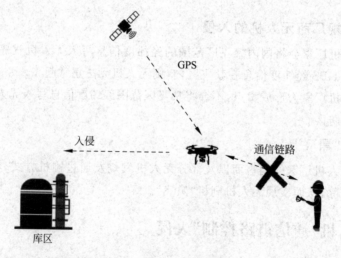

图 3.19　无人机"GPS 导航控制"入侵

四、无人机防区围墙外入侵

在无人机入侵案例中,无人机以低空快速翻越围墙入侵是较难处理的。由于低空探测难度大且处置时间短,这种入侵往往会让业主单位措手不及。此种方式一旦突围成功,对防

区造成的影响无法预估,如图 3.20 所示。

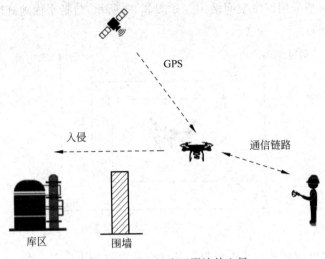

图 3.20 无人机防区围墙外入侵

第四节 无人机云系统

一、云系统

2015 年 12 月 29 日,民航局颁发了《轻小型无人机运行规定》(以下简称《规定》),重点讲述了无人机云的重要性。《规定》表示,7kg 以上的几种无人机,需要明确接入"电子围栏"以及"无人机云"。前者主要是划定"禁飞区",而后者则类似于无人机的"黑匣子",在人口密集地区和机场净空区要求每秒一次地报告飞行高度、距离等实时信息,且飞行数据需要保留 3 个月以上。7kg 以下的无人机驾驶员无须拿证,而 7kg 以上的驾驶员则需要许多严格的执照限制。这次的政策同样对 7kg 以下的相对宽松,不需要接入无人机云系统,只需要在无人机机身标注型号、编号、所有者及联系方式即可;也不需要装上电子围栏,只需要提前了解禁飞区即可。

无人机云系统(简称无人机云)是指轻小型民用无人机运行动态数据库系统,用于向无人机用户提供航行服务、气象服务等,对民用无人机运行数据(包括运营信息、位置、高度和速度等)进行实时监测。接入系统的无人机应即时上传飞行数据,无人机云系统对侵入电子围栏的无人机具有报警功能。

无人机云系统是指无人机运行动态数据库系统,用于向无人机用户提供航行服务、气象服务等,对民用无人机运行数据(包括运营信息、位置、高度和速度等)进行实时监测,保证无人机"可识别、可监测、可追查"。接入系统的无人机会即时上传飞行数据,无人机云也对侵入电子围栏的无人机具有报警功能。

二、无人机围栏

为保障区域安全,在相应地理范围中以电子信息模型画出其区域边界,在无人机系统或无人机云系统中,使用电子信息模型防止无人机飞入或者飞出特定区域的软硬件系统。

无人机围栏模型采用四维空间结构。如图 3.21 所示,包括平面地理区域(经度、纬度)、限制高度、有效时间。

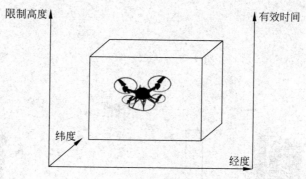

图 3.21　无人机围栏模型示意图

无人机围栏构型按照其在水平面投影几何形状可以分为以下三种。

(1) 民用机场障碍物限制面。

(2) 扇区形。

(3) 多边形。

无人机围栏所使用的经度和纬度坐标点,均为 WGS-84 坐标。

(一) 民用机场障碍物限制面保护区典型构型

民用机场障碍物限制面如图 3.22 实线所示,民用机场障碍物限制面保护区如图 3.22 虚线所示。民用机场障碍物限制面保护区为图 3.22 中 A1-A2-C2-弧 C2B2-B2-B3-弧 B3C3-C3-A3-A4-C4-弧 C4B4-B4-B1-弧 B1C1-C1-A1 各点坐标、圆弧连线范围内;圆弧半径均为 7070m。图 3.22 中实线连线为民用机场障碍物限制面垂直投影,虚线连线与实线连线之间的空间为容差缓冲区,缓冲区技术参数应符合空中交通管制部门公布的要求。

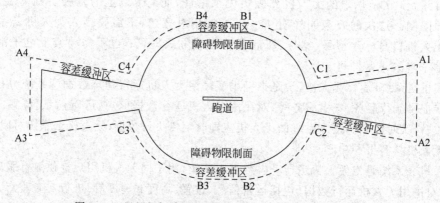

图 3.22　民用机场障碍物限制面保护区及各边界点示意图

(二) 多边形无人机围栏空间几何构型

多边形无人机围栏空间几何构型由不同海拔高度的底面和顶面组成的立方体构成,示意图如图 3.23 所示。空间几何构型的一个面是由同一平面上的 N 个空间点构成的闭合的空间区域,空间点以真北为起点,在水平面上按顺时针依次命名。顶点顺序为顺时针方向。构成顶面和底面的顶点数量相等。

（三）扇区形无人机围栏空间几何构型

扇区形无人机围栏空间几何构型是由不同海拔高度的扇区形底面和顶面组成的立方体构成,示意图如图 3.24 所示。一个空间的扇区面是由同一平面上的扇区原点、扇区半径、扇区起止方位角(扇区开始真方向和扇区结束真方向)构成的闭合空间区域。

扇区原点由该地理点的经纬度定义。扇区半径以扇区原点为圆心,距离单位为米。扇区起止方位是该扇区开始和结束的真方向。扇区高度是禁止进入该区域的相对高度范围。

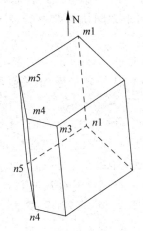

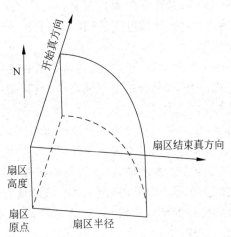

图 3.23　多边形无人机围栏示意图　　　　图 3.24　扇区形无人机围栏示意图

注:m1～m5 为围栏顶面顶点编号;

n1～n5 为围栏底面顶点编号。

（四）无人机围栏有效时间

无人机围栏所采用的时间为 UTC(Universal Time Coordinated,协调世界时)。无人机围栏的有效时间是指禁止无人机在该空间范围里飞行的时间段(包括起始时间和结束时间),有效时间可以是多组时间段。每个无人机围栏均有有效时间。其中:

无人机围栏起始时间使用 UTC,格式为 UTC YYYYMMDD TTMM,永久有效的无人机围栏在起始时间 UTC 后标注 NONE。

示例 1:UTC 20170101 1200

示例 2:UTC NONE

无人机围栏终止时间使用 UTC 时间,格式为 UTC YYYYMMDD TTMM,永久有效的无人机围栏在终止时间 UTC 后标注 9999。

示例 3:UTC 20170111 2400

示例 4:UTC 9999

第五节　空管体系与无人机管理现状

一、我国空管体系介绍

我国的空管体系采用的是统一管制、分别指挥的管理模式。最上层是国务院、中央军事委员会空中交通管制委员会,简称国家空管委,是国家层面的机构,由国家领导人或国务院领导担任主任。国家空管委下设办公室,就是常说的国家空管办,负责空管委的日常工作。国家空管委更像是一个议事协调机构,对无人机的具体各业务流程的管理,实际是按照部级联席工作机制的流程进行管理。各个流程环节都对应不同的军方或政府部门进行管理,共有 28 个部门,通过部级联席会议和平时的沟通协调来共同协调解决管理工作中遇到的重大问题。

中国人民解放军空军负责实施全国的飞行管制。具体的飞行管制中,分为军用和民用,军用飞机由空军(部分是海军航空兵)负责指挥;民用飞行包括外航飞行,由民航局来实施指挥。

目前,全空军一共分成五个飞行管制区,与全国战区划分是一样的。以江苏无锡机场为例,最下一级的管制机构为无锡硕放机场的场站管制室,而后上级单位顺序就是上海管制分区,隶属于空军上海基地,再上就到东部战区空军管制区,再往上就到空军参谋部。

民航系统最下面是塔台管制室,或区域管制中心,往上一级叫空管分局或空管站,再往上一级到民航的地区空管局,民航空管局下设 7 个地区管理局:华北、华东、东北、中南、西南、西北、新疆。

二、无人机管理现状

(一)各国的无人机管理现状

美国联邦航空局在 2012 年、2013 年就发布了相关的无人机管控的方案。2017 年美国联邦航空局又推出了无人机云,为空管机场和空域内其他用户提供数据服务,同时还发布了无人机网格限高地图,这套系统称作 UTM 系统。

欧盟把无人机分为开放、特许运营和审定三大类,25kg 以下属于开放类,无须民航当局授权,但需要在界定区域内飞行;150kg 以上的为审定类,类似于有人机的管理模式,飞行和使用都需要审批;其他的无人机,也就是 25~150kg 的其他无人机都属于特许运营类,要引入合规声明,包括运营人合格证等。

因为欧盟由若干个欧洲国家组成的,所以还明确规定 150kg 以上无人机由欧盟统一监管,其他的无人机是由各成员国分别负责监管。这套无人机管控系统称为 Uspace。

总体来讲美国和欧盟的管理情况比较有代表性。

(二)中国的无人机管理

2018 年 1 月,国务院、中央军委空中交通管制委员会办公室组织起草了《无人驾驶航空器飞行管理暂行条例(征求意见稿)》。该暂行条例中明确,对微型和轻型无人机的管理,国家基本持开放态度。微型无人机在 50m 以下,轻型无人机在 120m 以下,只要与机场禁飞区危险区保持相应的要求距离，就可以不必申请飞行计划了。但是除了微型无人机以外，轻型及以上无人机需要加入监管平台，也就是日常所说的云系统。

　　另外，暂行条例中还明确，对于植保无人机在轻型无人机的适飞空域高度不超过30m，只要加入民航局认可的云系统之后，也不用申报飞行计划，这对于农业植保领域是一大利好消息。但是目前暂行条例还在征求意见过程中，2018年是从业务层面在全国范围内进行征求意见，2019年是从立法层面，由国务院法制办（现在已经并到国家司法部）统一向社会和国家有关部门征求立法层面的意见。正式出台前，除了个别的省市地区颁布了地方性的管理法规，简化了一些申报流程外，目前还得按照原有传统的方式，也就是说按照通航飞机的管理模式进行。虽然手续比较烦琐，但还是要按照规矩来，否则就有可能造成违法违规。

　　有关流程以北京为例，假如一个企业要使用无人机进行航空摄影或者遥感物探作业，首先要办理任务批件，要求到中部战区作战局去办理，办完之后才能进行飞行计划的申报审批，办理任务批件所需要的材料，包括单位名称、无人驾驶航空器的型号、架数、使用的机场或者临时起降点，任务性质、飞行区域、飞行高度日期，预计开始和结束的时间，以及现场保障联系人飞行资质证明，飞手资格证书和任务委托合同等。材料备齐后到中部战区作战局办理。得到批准后需要进一步申报空域和飞行计划，任务批件会明确下一步办理的联系单位、联系人、联系方式等。需要联系的部门一般是所在地的军航飞行管制部门，北京周边主要是中部战区空军的航管处。到中部战区空军航管处申请飞行空域，空域申请批准后，在飞行前一天的15点前要申报第二天的飞行计划，并在组织飞行前的一个小时向申报单位联系具体的放飞事宜，得到许可后方可组织飞行。

　　当然，目前东、西、南、北、中五个战区空军各地的流程可能略有差别，特别是在一些地区的地方政府出台地方法规的情况下区别会更大一些。现在深圳、海南均有试点，已经实现了在线的申报审批，提高了效率。

（三）我国颁布的法律法规

　　2010年，国务院和中央军委发布了《关于深化我国低空空域管理改革的意见》，是近年来空域管理改革、推进各项试点工作的一个基础性文件。

　　2015年，民航局以咨询通告的形式发布了《轻小型无人机运行规定》，明确提出了按重量分级分类，包括云系统、电子围栏等概念，都是在这个文件中首次提出的。目前正在进行新一轮修订和征求意见，估计很快就会颁布。2017年出台了《民用无人驾驶航空器实名制登记管理规定》，要求250g以上的无人机都需要实名登记，明确规定从2017年8月31日以后，不实名登记的一律视为非法。

　　2017年民航局会同财政部、农业部共同下发《关于开展农机购置补贴引导植保无人机规范应用试点工作的通知》。这份文件在农业领域，特别对植保无人机的发展是一个里程碑的意义，从此把植保无人机列入补贴范畴。

　　2018年也有不少规定，如引起大家热烈议论的《无人驾驶航空器飞行管理暂行条例（征求意见稿）》《民用无人驾驶航空器从事经营性飞行活动管理办法》，以及《民用无人机驾驶员管理规定》等，规定了驾驶员今后要发放云执照，告别了纸质执照的历史，由云系统提供飞行经历证明等。

（四）无人机监管技术

无人机监管一般分两种目标，一种是合作目标，另一种是非合作目标。

合作目标就是合法飞行的无人机，它可以主动配合有关部门接受国家、政府和军方的管理。非合作目标，顾名思义就是不愿意跟有关部门合作，即所指的"黑飞"，就是有意不接受监管的，这类叫非合作目标。

对于合作目标的监管，技术层面主要有两种方式。

第一种方式叫基于移动通信网络的主动状态报送，就是我们所说的无人机云系统，这种方式技术相对成熟，成本也比较低，但它受通信覆盖范围、定位精度的影响，可靠性、精准性还有待提高。

具体实现方法主要有两种：一种是通过无人机的通信链路，把无人机飞控内的状态信息数据实时发送给云系统，还可以实现双向链路通信，就是说可以实现对无人机的远程控制。另一种是通过外挂一些数据采集终端，俗称各种盒子（box），来采集无人机飞行状态数据，并把它发送回云系统，这是第一种监管方式。

第二种监管方式叫二次雷达，二次雷达由两部分组成，即地面的雷达站问询机、机载端还有应答机组成。在"一问一答"过程中完成识别，并获得机载应答机的代码、飞机高度、速度等等内容。但是由于应答机的重量体积和成本的因素，一般只用于大中型无人机，小型无人机不太适合。

对于非合作目标，其实就是两个方面，一是探测，二是反制。

探测有频谱监测、低空雷达探测、声光监测等方式。反制主要是分两种，一是干扰，二是摧毁。简单说就是对非合作目标，第一要能够发现识别定位，第二要能够干扰控制甚至摧毁它。

（五）无人机云监管系统

无人机云监管系统简称无人机云系统，主要是针对合作无人机的一种监管手段。

云系统概念第一次出现在正式文件中是在 2015 年，民航局出台了《轻小型无人机运行规定（试行）》。完整定义为：无人机云系统简称无人机云，是指轻小型民用无人机运行动态数据库系统，用于向无人机用户提供航行服务、气象服务等。对民用无人机运行数据包括运营信息、位置、高度、速度等进行实时监测。接入系统的无人机应当及时上传飞行数据，无人机云系统对侵入电子围栏的无人机要具有报警功能。

文件也对云系统和云提供商明确了一些基本的要求，后来随着时间发展，又逐步制定了一些无人机围栏、无人机云系统接口数据规范等标准规范，目前正在研究无人机云系统的数据规范作为无人机监管的有效手段，在云系统的建设方面，我国走在世界前列，无论从建设时间规模，还是设计理念、技术路线都是领先的。

自从 2016 年 3 月第一家云系统获得批准到 2019 年底，共有 11 家云系统，其中有多家云系统和民航局的云交换系统实现了数据的实时交换，最高峰时实时在线的并发无人机数量已经超过了上万架。

（六）无人机云系统主要的功能特点

从云系统的定义可以看出，云系统服务的对象、用户其实有两大类，一类是作为管理方的，如民航局、空军、公安还有政府相关部门；另一类是对无人机应用方，如无人机的生产厂家、运营企业、飞手,包括一些无人机个人用户。无人机云系统的功能相应也分为管理功能和服务功能两大类。主要有以下几个方面的主要功能。

(1) 实时监视。对入云无人机的实时飞行状态进行监视,掌握无人机的位置、速度、高度各项参数指标,并用可视化的方式在系统上进行显示。同时还要把相关信息传递给民航局的云交换系统。在数据采集频率上,一般在人口稠密区要达到每秒一次以上,在非人口稠密区至少要达到 30s 一次。假如网络信号中断,系统还要具备数据暂存功能,待网络恢复之后再续传,确保监视数据的连贯性。

(2) 电子围栏。电子围栏是指为阻挡即将侵入特定区域的航空器,在相应的电子地理范围中划出的特定区域,并配合飞控系统,保障区域安全的软硬件系统。在民航局《无人机围栏》(行业标准 MH/T 2008—2017)中,对电子围栏的种类、数据类型、功能要求、在无人机系统和云系统中的要求等进行了明确的规定。电子围栏可以是长期的、永久的,比如机场的净空保护区,包括类似天安门这种重点位置;也可以是临时的,比如一些重要会议、重大赛事活动期间临时划设。从另外一个角度看,电子围栏可以是禁止进入的,也可以是禁止出来的。到底是哪种类型,要根据用户的实际需要来定义和修改。所以在云系统里面,电子围栏更多地告示告诉用户哪里能飞,哪里不能飞。

(3) 状态预警。有了实时位置及电子围栏,对用户的飞行行为进行分析评估,对违规行为及时提醒,就成为云系统很重要的服务内容。比如某架无人机即将接入限飞区或者禁飞区,当接近距离达到一定程度时,云系统要自动报警并提示,假如继续再朝着限飞区或禁飞区飞,系统还要继续进行警告,同时要把相关的情况及时通告到空军或者民航的相关部门,并把数据保存好,作为后续查证的工作依据。

(4) 历史回放。不管是违规查证,还是可追溯性,系统内的无人机数据,按照民航局的要求,都是要长期保存的,无人机云系统数据都是永久保存的,为管理部门进行违规查处提供数据支持,同时还可以为无人机厂家,包括一些保险机构提供一些相关的数据分析和保险理赔数据,支持和分析报告。

(5) 飞手管理。2018 年 8 月 31 日,民航局颁发的《民用无人机驾驶员管理规定》,对民用无人机驾驶员的飞行经历问题进行了重新明确,要求民用无人机驾驶员执照申请、改变等级、执照续审都需要采用电子履历。电子履历主要来自云系统的记录,在对飞手飞行活动的监管过程中,实现飞行记录的登记和统计功能。

(6) 行业应用提供平台和数据支持。比如农业植保领域,云系统对植保无人机主要起两方面的作用,一是未来只要接到云系统,在相应的区域、高度内飞行,就不用再申报飞行计划,这是一个非常便利的情况。二是接入云系统之后,采集了用户作业和飞行作业数据,才能有资格领取植保农机补贴。再如,在无人机培训领域,为培训机构的教员、学员提供飞行过程中的监控,包括数据分析,以便教员学员能够更好地、有针对性地培训。

(7) 一般各家无人机云都会提供一些增值服务,比如气象预报、保险、空域查询、飞行计划在线申报等,为用户提供更好的服务体验。

(七) 下一步无人机云系统发展方向

(1) 飞行服务更加完善,不管是面向政府部门还是无人机企业用户,特别是随着国家低空开放进程的推进,为用户提供方便、可靠、快捷的飞行服务,必然成为今后一段时间重点的努力方向。

无论是娱乐消费级，还是像农业植保、快递、物流、巡逻、巡检等行业应用，不断的需求，将大力推动军方、民航、空管系统，包括各地方政府相关信息通道的打通，构建一体化的空中监视服务体系，必然是未来发展的一个重点。特别是在线空域申请、计划申报、航路规划、微气象服务等，针对用户实际飞行需求的定制化服务，将通过与用户直接对接的各个云系统提供商，以免费或收费的形式提供给用户，满足不同用户的多样化需求。

（2）监管技术会越来越可靠。目前云系统对无人机的监管手段，主要还是靠GPS、北斗等定位系统，再加上移动通信数据传输网络来实现。但是受到移动网络覆盖范围和高度影响，100m以上，特别是150m以上高度信号不稳定；另外，山区包括农村偏远地区，特别是农田区域内网络信号不稳定，造成数据无法稳定传输，这就影响了稳定可靠的无人机监管。而且由于通用的民用GPS精度都是米级的，差不多±5m的误差范围，所以监视的精准性、安全性不高。随着RTK技术的广泛应用，可以达到厘米级的应用。包括未来的5G技术和我国的北斗卫星组网，因为北斗有个短报文功能，在通信链路中断时，以短报文的形式继续维持位置服务，未来能够为用户提供着低成本、高精度、高可靠性的服务。

2017年下半年，中国移动、华为、相关的无人机云提供商，还有一些无人机的整机厂商，共同进行了低空联网无人机安全飞行测试，经过网络空间优化，4G信号可以覆盖到300m高度，5G信号可以覆盖到1000m以下，如果采用专用对空蜂窝通信，可以覆盖到10000m以下特定航路空域。这个范围对未来的无人机的通信网络来说足够用了，特别是在低空的领域。

（3）空中交通将更加智能。无论是无人机本身的硬件发展，还是云系统的发展，其实未来的目标就是要建立智能化的空中交管系统。空中交通的关键在于空域管理技术，目前采用的主要是分区域划分，对管理方非常简单省事，但是对空域使用的效率来讲，却是一种极大的浪费。下一步发展的方向肯定是要引入分层、分区域相结合的方式，也就是说在普遍分区域的同时，在每个区域内部还要进行分层划分。

类似一个大厦里各个楼层不同的无人机，分别在不同的楼层飞行，高空有大飞机，中空有小飞机，低空有无人机，在同一个空域垂直的领域，可以细分一下，充分利用空域资源，下一步的发展就是基于空域的动态管理，根据运营的需要以及客户的变化动态调整，有的时候空域只给大飞机飞，有的时候可以让小飞机飞。

这种动态的管理还必须再辅之以目标感知和避让技术，除了地面系统的管理技术方法之外，在空的飞机，本身必须有主动对目标感知和避让的技术、防相撞的技术，最终实现空中动态飞机的防止相撞功能，实现所有无人机都能够想飞就飞，安全地飞，有序地飞。高空有运输航空大飞机，中间有通用航空的有人机和大中型无人机，低空有小的有人机和无人机，就像地面上的火车、汽车、自行车一样，各走各的路，互不影响。

总体来讲，未来的无人机云系统在技术上将具有更可靠的通信链路，更精准的状态采集，更多样的接入方式。在服务上，统一的服务接口将会为用户提供更便捷、快捷、廉价的公共服务。各家云提供商在不同的行业应用中，为用户提供个性化的增值服务。在安全方面，随着法律法规的完善，技术的提高，大家安全意识增强，管理模式不断成熟，势必也会加强空中秩序，也促进我国无人机产业的发展，争取把无人机这张中国制造名片推向全球。

习　　题

1. 通过本章的学习,详细总结一下无人机发展会带来哪些问题。
2. 简述无人机防控的意义和必要性。
3. 如果无人机入侵某地,可能以哪几种方式入侵?
4. 简述什么是无人机围栏。
5. 通过本章的学习,请总结一下现阶段无人机管理的现状。

第 四 章

无人机探测技术

第一节 目视侦察

一、应用场景

目视侦察是利用人的眼睛侦察周边环境,来发现视距范围内的无人机。在晴朗天气条件下,通过判断天空中的无人机方位、大小、飞行状态来实现侦察目的。人的眼睛仅能看到350m左右的中小型无人机,距离再远就很难辨别。

如果只进行目视侦察,人员近距离发现无人机后,往往来不及采取处置措施,最多只是利用无人机靠近的十几秒甚至几秒内提醒、警告周边群众,但此时无人机很可能已完成偷拍、破坏等活动。

所以通常情况下,在大型集会或活动中,可以配备多名安保人员,相互配合,通过目视侦察再结合单兵反制设备一起执行任务。外围人员以目视侦察预警为主,可在某点固定侦察,也可在场馆、人群中移动侦察。其在整套无人机防控系统中,可以起到最后一道保护的作用。

二、操作

目视侦察任务中需要采取的操作步骤如下。

(1)提前查看防控区域及周边环境,了解所负责任务区域内的具体环境、活动目的、活动预计人数、场地进出通道、人员流动方向、有无高大建筑物或遮挡物等重要信息。

(2)结合收集内容,制订防控方案,需要注意以下几点。

①　明确第(1)条所述信息。

②　明确几名安保人员参加任务,结合单兵反制设备数量,合理分配外围目视侦察与防卫反制人员数量。

③　明确外围目视侦察与防卫反制人员具体位置,活动中是否移动,覆盖面积是否有真空区。

注:

(1)　安保人员均需佩戴无线电通联装置,以便随时通联,有异常情况可以相互告知。

(2)　如活动场地周边有高大建筑物,可以依靠高度优势进行侦察或反制,同时也要注意视线盲区如图 4.1 所示。

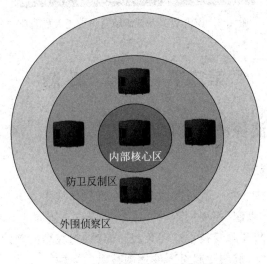

图 4.1　以固定活动,圆形防控为例

在实际活动中,目视侦察人员要注意以下几点。

(1)　不只通过眼睛侦察,在较为安静的情况下,也需要利用听觉侦察无人机。

(2)　为防止无人机多架次、多角度活动,同时为了避免视觉疲劳,不可长时间久盯某一方向,要适当移动目视范围。

(3)　如发现有无人机在外围活动,不论是否向活动区域移动,都要向同伴告知其方位、高度、数量、机型等信息,并持续关注该无人机。

(4)　如发现有无人机在外围活动,有向活动区域移动的趋势,要马上通知同伴,特别是在无人机飞行路径上持有单兵反制设备的同伴,并持续关注该无人机。

(5)　当入侵的无人机被控制时,需重新回到侦察位置,继续目视侦察,如图 4.2 所示。

注:与目视侦察配合的单兵反制设备会在第六章中详细说明。

三、优劣势

优势:适用于各种集会等大型场合,配合单兵反制设备使用,可作为无人机防控系统的最后一道屏障。较为灵活,可固定侦察,也可移动侦察。

劣势:侦察范围较为有限,受时间、天气、能见度影响较大。

图 4.2　国内某次大型活动内场反无人机安保

第二节　声波探测

一、飞行器声波探测的发展及概况

（一）国外研究概况

被动式声波探测产生于第一次世界大战,并在炮兵作战中立下过汗马功劳。随着雷达、红外、激光等侦察技术的兴起,声波探测曾一度受到冷落。近年来,由于雷达面临着电子干扰、反辐射导弹、低空突防和隐身技术这四大威胁,越来越容易遭受攻击。因此,人们又开始重视被动式声波探测系统,重新激起对声波探测技术的兴趣。

飞行器主要包括民航客机、战斗机、无人机、武装直升机、各种导弹等。声波探测与识别的主要任务就是对空中飞行器目标进行位置、速度等参数的探测,并且对飞行器进行类型识别、敌我识别等。

目前在军事方面,声波探测技术主要应用在声呐和雷达系统等对军事目标的定位和跟踪方面,以及在反坦克武器和反武装直升机等智能雷弹系统上。声波探测技术可以在主动方式下工作,也可以在被动方式下工作。国外的智能探测系统大多采用被动式声波探测技术或被动式声波与红外复合技术实现声目标的识别、定位与跟踪。被动式声波探测技术在军事上的应用,最早是在第一次世界大战中,首先应用于声呐。声波探测定位系统利用声波原理并以被动方式工作时,具有以下特点:不受视线和能见度的限制,能探测到遮蔽物后面的目标声源,不受电子干扰,在恶劣的环境条件下也能全天候、无人值守地工作。

近年来,兴起将被动式声波探测技术应用于武器系统的智能化引信中,以实现对目标的跟踪定位与识别,主要用于研制智能反坦克地雷和反武装直升机地雷的引信中。从实践论证及国外已公开的资料可以看出,在引信中应用声波探测技术在理论上和实际应用上都已证明是可行的。随着现代科技的发展,新的探测原理和探测器件不断产生,特别是传感、探测技术、微电子技术、信号处理技术,以及人工智能技术等取得了突飞猛进的进展,使声波探测与识别技术在研制新型防低空飞行目标武器方面得到广泛应用,受到世界各国的重视。这一发展可概括为利用低空飞行目标飞行时的噪声和振动信号实现对目标的自动探测、跟踪与识别。

因此,研制一种无人值守的声波探测装置,使具有这种声波探测装置可以根据使用前的预置在复杂的战场环境中自动捕获、识别和跟踪目标,确定低空飞行目标的方位和距离,识别敌我,在最有利的时机攻击目标,达到对目标的最大毁伤。这种装置具有隐蔽性、全天候、低成本、低功耗、不易被干扰等独特的优点。大力发展这种低成本、高效能的声波探测防空系统,不仅具有战术使用意义,而且也具有战略威慑意义。

大气中的声波探测技术的研究,在发达国家开展得很早,它是从军事应用开始的。最早将声波探测阵列技术成功地应用于军事上是在第一次世界大战中,法国科学家 Sergeant Jean Perin 设计了采用 12 个传声器阵元的探测阵列,其中每 6 个传声器阵元构成一个圆阵,两个完全一样的圆阵相距一定距离组成双阵,如图 4.3 所示。

目前,国外已有可以用来探测和定位直升机、巡航导弹、无人机、火炮发射及其他静止或运动声源的产品。美国、俄罗斯、英国、以色列、日本、瑞典等国家处于领先的地位。例如,美国研制的反直升机智能雷弹 ADAS 和 Hormet PIP(大黄蜂)能够在 10km 外发现直升机,在

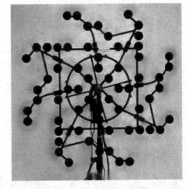

图 4.3 用于采集声音信号的传声器阵列系统

500m 处开始跟踪,其跟踪方位角误差很少,声波探测定距误差小于 10%,并能在 200m 以内实施精准打击。以色列研制的 AEWS 声波探测预警系统,可以探测微型飞机、直升机和慢速飞行的固定翼飞机。瑞典 Swetron 公司研制的 Helisearch 直升机声波探测系统及英国 Ferranti 公司的 Picker 直升机报警器,有很高的探测性能,探测距离可达到 15~20km,方位精度为 10°,另外还有很强的多目标探测与识别能力。以色列研制了潜艇反海面直升机声波探测浮子,用于检测海面目标的噪声信号,浮子检测的目标信号通过电缆传送到潜艇上,最新研制的浮子上有由 4 个传声器组成的一个阵,在浮子浮出水面后伸展开各传声器,形成平面阵或立体阵,这种单浮子阵具有对目标的定位和轨迹跟踪能力。澳大利亚的 HELKIR 反升雷,瑞典的 PILAR-Ⅱ、PILAR-Ⅴ 型探测器,美国的 FY97 至 PY02 反坦克智能雷系列产品主要是针对低空飞行的武装直升机和巡航导弹。

20 世纪 80 年代开始,美国和英国等西方国家开始研究智能雷弹,美国先后研制出了 FRAM 攻顶式反坦克雷、XM-84 侧甲雷、XM-93 广域雷、AHM 反直升机雷,法国研制出了 MAZAC 声控增强防坦克地雷,这些雷能够自动预警、捕获并识别目标,测定目标方位和速度,达到了很高的智能化水平。美国的 XM-93 雷采用 3 个传声器和 1 个地振动探测器探测坦克运动的声音,当传感器在 100m 攻击半径内预警到目标时,就启动跟踪系统和声波探测定位系统,探测坦克的速度和距离,由微处理器控制雷弹和计算目标参数。该雷配有红外探测器,目的是精确瞄准目标。美国 AHM 反直升机雷采用四元声波探测阵列探测直升机声音,它能在一定范围内预警,并能用被动式声波探测方法探测和识别直升机,具有较好的隐蔽性。该雷的传声器探测到声音后,能由微处理器识别出螺旋桨声音特征,以达到识别直升机的种类的目的。该雷可人工布设或直升机布设。奥地利研制了一种称作"HELKIR"的反直升机地雷。这种声传感器可根据直升机的旋转机翼的频率首先识别出直升机的类型,然后激励红外截获,引爆地雷,可有效地对付以 250km/h 速度飞行的直升机。德国正在研制

具有定向大面积破片杀伤能力的破片型地雷。这种地雷装有一组专门研制的传感引信,它利用声传感器探测低飞的直升机目标,利用红外传感器起爆,破片型战斗部,从而有效地破坏 100m 范围内的直升机螺旋桨叶片。

俄罗斯研制的"节奏-20"反直升机地雷,能够根据音响判明直升机种类,并可以在各种气象条件下确定目标方位,当目标进入 2000m 时,反直升机地雷开始识别目标;当目标进入 200m 范围时,地雷就发射。

该地雷操作简单,运输方便,总质量为 12kg,可布设在机场跑道附近,打击直升机以及其他飞行速度较慢的固定翼飞机。综上所述,声波探测识别技术作为个全新概念的防御系统中的核心技术,在应用方面的研究和研制目前是一个崭新而又活跃的领域,不论是单一声波探测系统,还是声-红外或声-毫米波等复合探测体制,它们的发展目标都是高智能化、高准确性、高攻击力、低功耗和高可靠性,这对各国的研究人员提出了新的挑战。

(二)国内研究概况

国内对声波探测技术的研究比较晚。20 世纪 80 年代末研究了大气声阵列探测技术,20 世纪 90 年代初开始了反坦克、反直升机等声探测武器系统的研究,并且一直处于预研阶段。国内对直升机这类快速移动声源的声波探测定位精度,受低空声传播及传声器特性、近地声环境、参数估计算法、探测系统运算能力的影响,还没有研究出能够连续、准确地测定目标轨迹的声测阵系统。国内对单一直升机的理论跟踪距离为 1km,最大精确定位距离为 500m,预警距离在 5~10km 范围,对多个目标的探测定位还是在起步阶段。与发达国家相比,我国的地面探测装备及系统相对比较落后,主要还是以雷达探测技术为主。近年来,北京理工大学、南京理工大学、西安 212 所等多家单位共同合作,相继开展了"多传感器与控制网络系统技术"预研课题,包括地振动探测、声波探测、磁探测、红外探测组成的 UGS 探测系统及相应的分类识别监视系统目前,空中目标被动音频探测与识别技术在国内正处于发展阶段,有许多尚待研究的问题。

当前,雷达技术探测空中目标的技术已经相对成熟,但是雷达探测存在盲区。因此,需要研究能够弥补雷达探测不足的其他探测技术。声波探测技术具有通视条件好、隐蔽性能好、全天候、低功耗、不受烟雾阻挡、不易被电磁波干扰等突出优点。超低空飞行的武装直升机位于雷达的盲区,利用直升机飞行时发出的噪声,对直升机以及其他低空和地面的武器进行被动定位、跟踪,是一种有效手段。在战场环境中,声波探测的距离范围可达到 15km 以上,特别是对于超近距离的雷达盲区,声波探测能力强,可以弥补雷达探测的不足。各种军事目标,不仅具有很强的声信号强度,而且其声特性的差异较大,这不仅给声波探测提供了可能,而且可以利用声波探测区别目标种类。各种空中目标声音的波形和频谱特性差别较大,可以采用多种先进算法提取目标特征,以识别目标。所以,声波探测是侦测飞行器的有效手段之一。

(三)无人机声波探测研究概况

日本一家名为 Alsok 的安保公司目前正研发的一款无人机探测系统,可以检测出"黑飞"的飞行器。该系统是通过将无人机螺旋桨的声音与音频库进行匹配从而达到探测目的。Alsok 采用麦克风获取飞行中的无人机的声音,该类型麦克风的监听距离可达 150m,通过监听到的无人机声音数据与该公司收集的诸多无人机音频的数据库执行指纹匹配。该系统除了能探测出无人机的位置,也能检测出其具体类型和型号,如图 4.4 所示。

2014 年美国 DroneShield 公司率先推出了反无人机商用产品(图 4.5),该产品采用声音感知技术来识别无人机,利用传感器记录几处地点的噪声,然后除去背景杂音,识别是否为无人机所发出的声响,并将信息通过短信或者邮件的方式实时反馈给使用者。该企业的声音库中包括了市面上几乎所有商业无人机的声音,目前该产品可识别最远距离为 1km 外的无人机。这家公司的技术也在波士顿马拉松比赛中得到了应用。

图 4.4　无人机探测系统

图 4.5　DroneShield 反无人机侦测系统

二、声波探测原理

目前主流和具有代表性的民用无人机都是旋翼型无人机,通常有单旋翼、四旋翼、六旋翼等类型。旋翼无人机噪声产生的原因比较复杂,主要来源于发动机运动产生的机械振动、螺旋桨的转动、螺旋桨快速转动与空气剧烈摩擦产生的噪声、空气激波和空气涡旋噪声等。从旋翼无人机噪声的频率来看,由发动机产生的噪声是宽带高频噪声。声波在大气中传播时,随着距离的增加,声压会有所衰减,衰减的大小与空气的温度、湿度以及声波的频率有关,且频率越高,衰减越大。由于发动机噪声集中于高频段,故在远场空气中衰减较快。而旋翼噪声包括旋转噪声和宽带噪声。旋转噪声是由桨叶上载荷的周期性扰动以及桨叶厚度而引起的,包括载荷噪声和厚度噪声。载荷噪声是当作用在桨叶上的升力和阻力随桨叶位置的不同呈周期性变化时,周围空气的力场随桨叶一起旋转而呈现周期性扰动所产生的噪声,载荷噪声的声学模型为一偶极子模型。厚度噪声则是由桨叶厚度引起的,当桨叶旋转通过时,桨叶厚度迫使周围气体体积位移周期性填充,由此产生噪声,影响厚度噪声的重要参数是叶片尖端的速度,厚度噪声的声学模型相当于单极子声源。旋翼的旋转噪声产生离散谱,离散谱频率为

$$f = \frac{im\Omega}{60}$$

式中,i 为谐波阶数;m 为叶片数;Ω 为转速。

无人机的声音类似于"嗡嗡"声,但它不是由单一的声音源组成,而是多种声音的叠加,这些声音主要由无人机的电机转动以及螺旋桨的飞速旋转产生。电机产生的声音是一宽带噪声,它主要产生机械声,是由于电机内部部件快速转动形成,通常声音低沉,在远场空气中衰减会比较快,对于无人机的声音信号来说,电机产生的声音相对来说影响较小。旋翼产生

的声音不同于电机声,它是旋翼的周期性转动对无人机周围的空气进行的周期性干扰,这种扰动产生的声音称为气动声。气动声的特性较为复杂,它受制于空气的流速、空气的密度、旋翼转动的周期大小、旋翼的长短厚度等。而四旋翼无人机的飞行状态包含悬停、垂直上升、下降、平移、偏航等动作,不同的动作之间其旋翼的动作、旋转速度是不一致的,比如悬停状态时四个旋翼旋转速度保持一致,而平移状态时,无人机一侧的两个旋翼则会改变旋转速度,使无人机左右受力不均,产生横移力。因而无人机处于不同的空中状态下的声音之间也会存在着一定的区别。如大疆公司就为 Mavic pro 专门开发了静音桨,如图 4.6 所示。

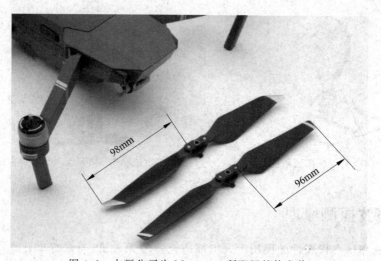

图 4.6　大疆公司为 Mavic pro 所配置的静音桨

每架无人机、每一型号的无人机都具有特征音频(声音指纹)。声波探测范围是 0～96Hz(人耳的听力范围是 20～20000Hz),系统通过特征音频最终能够明确地判断这是什么型号的无人机,进而判断它的载荷是多大,造成的伤害是多大。

音频探测法是通过麦克风来获取无人机的声音,这是一种很直观的方法,特别之处在于每种型号的无人机都有自身特别的声波图谱,这些声波图谱称为声音 DNA。系统将获取的声音信号与 DNA 库中的信号进行比对,从而可以确定无人机的型号。优点:音频探测法的造价相对便宜,基本上在 15 万元以内。缺点:首先,麦克风只能对准一个方位,如果单位面积很大,则需要安装多套系统,同时,视线盲区无法避免;其次,音频的获取半径相对较小,一般在 50～100m,距离太远,音频信号探测不到;最后,在黑夜和浓雾情况下,摄像头基本上无法获取图像。

无人机声音识别框架分为两个部分,即音频信号特征提取和音频信号分类。考虑到无人机信号在人耳中具有较高辨识度,本书将采用基于人耳模型的听觉特征提取方法,即梅尔倒谱系数提取方法。首先通过 STFT 方法分析音频的时频谱,然后利用 MFCC 方法进行特征提取。在实践中,无人机螺旋桨的声音往往由于无人机的运动以及气流的影响而产生差异,并不完全取决于螺旋桨的转速,而是呈现出一定的短时平稳性,如图 4.7 所示。

所以仅仅做频率的分析无法将时间上的动态特征体现出来,而短时傅里叶变换(STFT)是将一个较长的时间信号分割成更短的等长段,然后在每一个较短的段上分别进

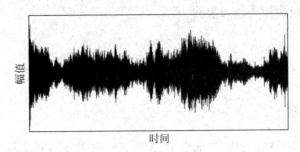

图 4.7　无人机声信号波形

行傅里叶变换,这样就揭示了每个时间段的频谱特征。在连续时间信号情况下信号的 STFT 可表示为

$$\text{STFT}\{x(t)\}(\tau,\omega) = X(\tau,\omega) = \int_{-\infty}^{\infty} x(t)w(t-\tau)\exp^{-j\omega t}\,dt$$

图 4.8 显示了无人机声和鸟叫声的时频谱图。有些声源通常出现在无人机的应用场景中,成为无人机反制过程中的干扰。从图 4.8 中可以看出,不同的声音其特征在时间和频域上都呈现出明显的差异。

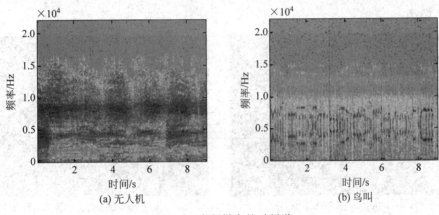

(a) 无人机　　　　　　　　　　　(b) 鸟叫

图 4.8　音频样本的时频谱

但是声波属于机械波,无人机发射声波的形成依靠的是无人机对周围气流的扰动,这种扰动在空气中损耗速度极快,同时目前的雷达技术也只能发现一定范围内的气流扰动。导致声波探测距离近(几百米),且容易受到周边环境噪声等影响,在实际应用过程中也存在一定的局限性。

三、应用场景

声波探测无人机技术因以下原因不成熟。

(1) 远距离的无人机声音识别的性能会急剧下降,只有无人机达到 100m 以内才可精准探测。

(2) 对无人机的声波探测容易受风、雨噪声的干扰。

(3) 无人机不同类型动力匹配下,所产生的声波同样不一样,都需要提前建立特征库。

以上原因导致多数研究仅停留在实验室测试级别,而生产成品的厂家在实际应用中并无成功案例,所以暂时仅作为原理探究。

第三节 光电探测

一、红外搜索

红外搜索系统是一种可应用于"低慢小"无人机探测发现的新型技术装备,其本身不发射电磁波,具备抗电磁干扰能力强、精度高、低空探测能力好等多种优点,是一种小型、轻便易携带的被动探测设备。红外搜索系统能够对地面、低空区域等移动目标进行搜索,并对目标进行探测与识别,剔除静态杂波干扰,最后输出目标的位置信息。

出于成本及产品可靠性考虑,通常红外搜索可使用制冷型中波红外探测器或非制冷型长波红外探测器作为核心元件,用于探测空中目标发出的中波或长波波段的红外辐射,通过红外光学系统聚焦于红外探测器焦平面上,红外探测器将红外光信号转换成电信号,再经过信号处理得到被测物体的红外热图像。将红外探测器搭载于360°伺服转台上,随着伺服转台的转动,可获取360°空域红外热图像,从而实现对360°全方位角低空无人机的搜索探测,如图4.9所示。

(a) 制冷型红外周视搜索系统

(b) 小型非制冷红外周视搜索系统

图 4.9 红外周视搜索系统

长波非制冷型红外搜索系统与中波制冷型红外搜索系统对无人机红外辐射探测的波长不同,除此之外,两者探测性能的区别主要与探测器的性能相关。相比较而言,长波非制冷型红外搜索系统造价更低,寿命更长,但探测距离只有中波制冷型红外搜索系统的一半左右,且受空气中水蒸气含量影响较大。因此,两者的使用应根据使用场所及环境灵活选择。

为了使后续处置系统有足够的反应时间,要求红外搜索尽可能远地探测到目标。一方面,目标成像面积很小,一般只具有一个或几个像素的面积,缺乏形状和结构信息,只有灰度和运动信息可以利用;另一方面,由于民用无人机目标红外辐射特性非常弱,红外搜索系统需要对不同大气热辐射环境下的目标进行探测,红外探测器接收到的系统噪声和背景干扰强烈。当系统长时间工作时,红外图像中噪声会增加,甚至背景噪声会湮没目标信号,这就造成严重背景噪声干扰下的低信噪比小目标探测问题,图像预处理技术及小目标检测技术性能的好坏将直接决定红外探测系统的性能。因此,红外搜索系统可利用基于背景抑制的单帧目标检测算法保证弱目标的检测概率,同时通过序列图像帧间管道处理实现目标确认并剔除不符合目标特征的虚警,从而降低系统虚警率,保证红外搜索系统整体性能指标,如图 4.10 和图 4.11 所示。

(a) 原始图像

(b) 录播增强后图像

(c) 目标检测结果

图 4.10　基于背景抑制的小目标检测算法

(a) 实时图像

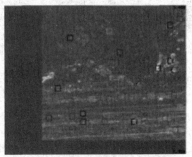

(b) 实时图像梯度图及特征图

(c) 模板图像及特征块匹配结果

(d) 差值图

图 4.11　帧相减算法剔除静止场景干扰效果图

红外搜索系统是近年来随着民用无人机广泛使用而新兴的一种搜索探测手段,与传统的雷达探测相比,应用尚处于起步阶段。2016 年后在公安部、军委科技委、海军、中部战区等多次的测试、演示、演习中得到了验证及应用。由于红外搜索系统具有无电磁辐射的特点,在未来人员密集的重大活动中将得到越来越多的应用。

二、光电跟踪

光电跟踪系统是激光打击能够稳定命中目标的前提条件,同时也具备跟踪摄录取证等功能。按照使用的探测器不同,可分为红外跟踪及可见光跟踪两类,按照跟踪精度及执行机构的不同可分为粗跟踪和精跟踪两级。

红外探测器具有接收像元大、灵敏度高、全天时工作等优点,但由于其分辨率较低(目前常用红外探测器最大分辨率为 640×512),红外跟踪通常作为粗跟踪使用。可见光探测器响应速度快,分辨率高,但必须在激光照明的辅助下方可实现全天时工作,一般在红外跟踪的辅助下实现对目标的精跟踪。

粗跟踪系统一般由二轴伺服转台、红外热像仪或电视、图像处理器等部分组成,系统通过红外热像仪或电视获取目标图像,通常采用基于背景的自适应分割算法、小目标检测算法等算法提取目标图像特征信息,然后通过目标配准跟踪算法等多算法融合处理获取脱靶量信息,二轴伺服转台在伺服控制单元的控制下,按照该脱靶量信息执行随动,从而实现对目标的粗跟踪,如图 4.12 所示。

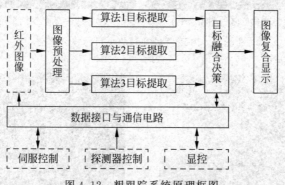

图 4.12　粗跟踪系统原理框图

为满足对目标进行强激光照射毁伤的要求,光电跟踪系统必须高精度瞄准目标上的某一特征点,在强激光持续照射过程中,要始终保持这种瞄准精度,这对跟踪系统提出了很高的要求。一般的跟踪系统满足不了这种高精度要求,需要采用复合轴跟踪技术。

复合轴跟踪技术的原理是在大范围、低带宽的主跟踪轴上附加一个小范围、高带宽的从跟踪轴,主轴、从轴分别控制,协同工作,最终可实现大范围、高精度的快速跟踪。

复合轴跟踪系统即是在粗跟踪的前提下,通过高分辨率、小视场的可见光相机,提取高精度、高帧频的脱靶量信息,利用快速反射镜作为执行机构,同时对精跟踪与激光发射光轴实现高速、高精度闭环控制调节。在复合轴伺服系统中,为了保证系统的稳定性,精跟踪系统的谐振频率一般是系统闭环带宽的 4～10 倍,这意味着为了实现一个高带宽的 ATP(Acquisition,Tracking,Pointing,捕获,跟踪,对准)系统,快速反射镜的谐振频率必须做到很高。为了获得高的谐振频率,主要应向两个方向努力:一是尽可能使快速反射镜轻、小,降低它的转动惯量,同时采用高性能的驱动器,从而提高被控对象的谐振频率;二是采用陷波器等补偿技术,平抑被控对象的谐振峰,达到扩展被控对象谐振频率的效果。快速反射镜一般分为两种结构:框架式和柔性轴支撑式。

光电跟踪系统除作为激光打击系统瞄准手段之外,同样还具备摄录取证功能,跟踪锁定后,可实时提供目标的飞行位置,目前,在多个核电厂的低空防卫系统中已初步获得应用。在人员密集的大型活动中,光电跟踪系统可对"黑飞"无人机实施跟踪摄录,并提供其飞行位置及降落位置,为公安机关快速抓捕飞手提供依据。

三、典型设备

(一) 简介

常用的远距离高清摄像机是无人机防控领域的发现、跟踪和图像记录设备,如图 4.13 所示。设备根据雷达探测到的目标空间位置,配合系统算法自动转动云台对准,自动搜索,锁定并持续跟踪目标。设备采用超匀化红外激光作照明源,使用 200 万像素低照度长焦摄像机,有助于夜间发现目标。该设备可用于油气库、化工园区、监狱、政府机关所在地等要地,也可用于大型活动保障。

(二) 功能特点

(1) DSS 步进数字化照明角度控制技术,独有激光与摄像倍率距离匹配算法,0.1°精确随动控制。

图 4.13　远距离高清摄像机

(2) 超匀化高清照明技术,发挥百万高清摄像机最佳的效果。

(3) 精确双光轴对准,0.01°SLM 光轴自锁对准。

(4) 采用重载数控云台,360°连续旋转观察,无死角,运转平稳,图像抖动小。

(5) 整机采用超强铝合金外壳,IP65 防护,防淋雨、防灰尘,可适应各种恶劣环境。

(三) 性能指标

(1) 探测范围:昼间 3km,夜间 1.5km。

(2) 激光光源:20W,810nm 近红外军品级激光,激光角度 0.5°~20°。

激光镜头:60 倍 f1.2~80mm 超短焦变倍。

(3) 摄像机:1/1.8″靶面 CMOS,0.004lx 星光级超低照度彩转,200 万像素(1920×1080),一体化 ICR 双滤光片日夜切换 H.264/MPEG4/MIPEG 视频格式,支持双码流视频码率 32kbps~16Mbps,60Hz30 帧/s 支持透雾、强光抑制、128dB 超宽动态、电子防抖、3D 数字降噪、防红外过曝、ABF 自动后焦调节功能。

数据处理:内建智能防强光干扰算法,屏蔽夜间强光照射引起的误开关。

(4) 镜头:22.5~755mm。

F 值:$F4.5$~360。

视场角(H):15.7°~0.48°。

近摄距:4m。

(5) 护罩。

材料:精铸铝合金外壳,不锈钢固定件,抗强风。

结构：一体化双视窗设计，带雨刷。

表面喷涂：PTA"三防"涂料，抗海水腐蚀（可选）。

整体采用热平衡设计＋宽温电子与光电元件，无须内置加热、制冷等温控元件，即可在低温和高温环境下工作。

接口：航空防水插头。

（6）云台。

载重：50kg。

角度：水平360°连续旋转，俯仰－45°～45°。

速度：水平0.01°/s～30°/s，俯仰0.01°/s～15°/s。

（7）接口。

1路10Mbps/100Mbps自适应以太网口，1路AC24V/DC24V，军用级航空防水插头。

协议：TCP/IP，支持ONVIF2.0、GB28181协议、Pelco-P、Pelco-D行业标准等多协议，波特率为2400、4800、9600、19200bps可选。

（8）供电及功耗。

整机功耗：≤150W。

供电方式：DC24V稳压电源供电。

（9）整机。

整机质量：≤45kg。

（10）环境适应性。

工作温度：－25～55℃。

储存温度：－40～70℃。

相对湿度：＜90％。

相对防护等级：IP65。

（四）设备优劣势

光电探测技术是警用"低慢小"目标探测众多手段中的一种，具有无线电静默、反应快、定位精度高、探测结果直观可视等优势。但由于"低、慢、小"目标体积小，其可见光和红外辐射特征较低，使得通过可见光、红外探测的发现距离大幅缩短。同时，光电探测技术受天气能见度、湿度等影响较大，在实际使用中应充分考虑环境因素。后续针对"低慢小"目标的探测，需进一步提升信号处理水平，在现有探测器硬件基础上，进一步提高系统的探测距离和探测概率，从而适应更多场景应用。

第四节　电磁频谱探测

一、原理

国产民用无人机主要采用2.4GHz/5.8GHz频率信号作为飞手与无人机之间飞行控制和图传的信号。此外，国内的航空模型采用433MHz/915MHz的无线发射频率作为飞行控制信号。电磁频谱探测设备通过阵列天线截获接收无人机及操作发射的图传和遥控信号，然后对信号实现参数测量、高精度测向和距离估计,同时通过数据库比对识别出无人机的型号、类型和厂家信息。由于单点的测距位置信息误差较大,电磁频谱探测设备一般采用多点组网方式来高精度定位无人机位置。

目前国内外的电磁频谱探测设备最远探测半径可达 10km 以上,部分产品还能够对无人机飞手位置进行定位,便于警方实施抓捕,已经具备良好的商用及实地部署条件。

电磁频谱探测也存在一定的漏测风险,对于预先设定好目标,采用自动巡航模式的无人机,由于跟飞手之间没有电磁频谱交互(用于撞击、破坏、偷拍等目的),电磁频谱探测设备是无法监测到的。为保证万无一失,往往需要同雷达配合使用。

（一）定向天线测试实验

对测向用的定向天线进行测试,实测目标与接收天线之间的角度为 110°,测试其方向性以及能接收的信号强度。图 4.14 表示信号强度与所用天线角度之间的关系,由图 4.14 可知在当接收天线与待测目标的角度为 110°时信号强度最强。探测的对象为航模遥控器(乐迪 AT-9 遥控器),天线与被测信号源的距离为 50m。如图 4.14 所示,该定向天线具有较好的测向灵敏度与准确度。

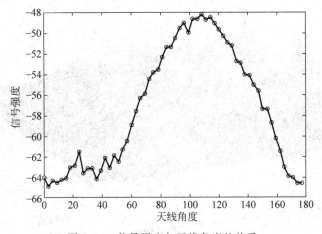

图 4.14　信号强度与天线角度的关系

（二）室外测试

在测试距离为 500m 时,进行无人机探测实验。图 4.15 表示待测无人机与天线之间的距离为 500m 时的探测结果(天线有效探测范围为 180°)频谱分析图。待测无人机与天线之间的距离为 1500m 时的探测结果(天线有效探测范围为 180°)频谱分析图如图 4.16 所示。实验过程中待测目标无人机为大疆 Phantom 3 Professional,该无人机遥控通信频段为 2.4～2.483GHz,图 4.15 和图 4.16 中实验数据的横坐标为 2.4～2.5GHz,纵坐标为机扫探测系统的探测角度,范围为 0°～180°,图中 z 轴表示信号强度,颜色越深信号越强。

图 4.17 表示针对机扫无源探测系统采集的频谱信号图,在 MATLAB 上进行数据处理。横、纵坐标分别为信号强度与探测角度,数据处理采用的方法为滑窗选取方法,设置一个长 10MHz、宽为 1°的窗口对频谱图进行选取。从频谱图 2.4GHz 和 0°开始,以 1MHz 为

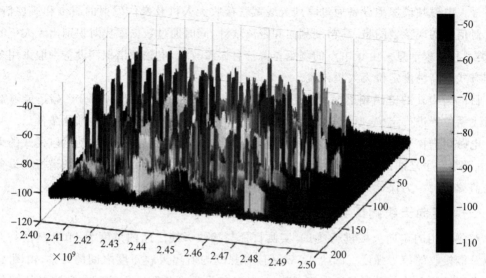

图 4.15　500m 测试检测结果

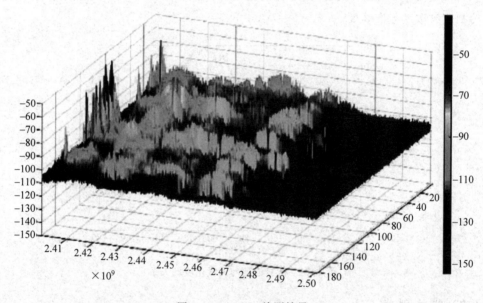

图 4.16　1500m 检测结果

间隔固定频率,从角度 0°开始依次向下滑窗框选。最后选取滑窗范围内信号强度最大的窗口的纵坐标即为无人机相对于探测系统的角度。

二、典型设备

(一) 简介

无人机探测设备是无人机管控领域的无线电信号侦测设备。设备具备全频段无人机发射数传和图传信号侦测、无人机机型识别、无人机探测报警功能。

无人机探测设备可以用于大型活动保障,也可以用于重要地点防护。设备可以单独使

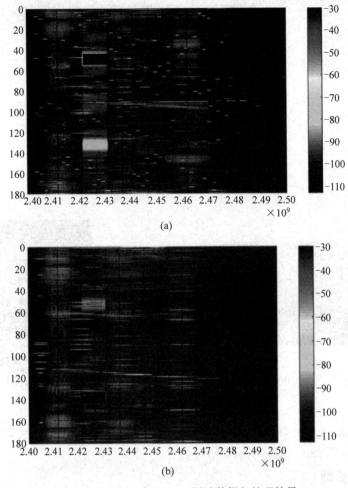

图 4.17 500m 与 1500m 测试数据与处理结果

用,也可与无人机反制设备配合使用;可以单兵移动式部署、车载部署和固定式部署,如图 4.18 所示。

(二)功能特点

(1)24 小时不间断工作,可以 360°探测无人机目标。

(2)全频段探测,发现无人机自动报警。

(3)同时对 6 个频段进行扫描,扫描频段可配置。

(4)可识别无人机类型,无人机识别库可扩展。

(三)性能指标

(1)探测频率范围:80MHz~6GHz。

(2)探测距离:>5km(以大疆精灵 4 为对象)。

(3)功耗:≤30W。

(4)电源:AC220V,50~60Hz,DC12V。

(5)对外接口:以太网(RJ-45)。

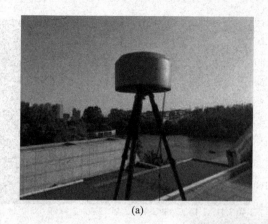

(a)

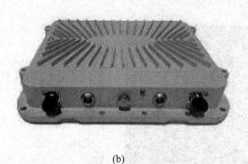

(b)

(c)

图 4.18　电磁探测设备

（6）主机尺寸：60cm×80cm×10cm；天线尺寸：半径 13.5cm；高度 32.5cm。

（7）质量：主机 2kg；天线 4kg。

（四）环境参数

（1）工作温度：−25～55℃。

（2）储存温度：−40～70℃。

（3）相对湿度：95%。

（4）密封性：IP65。

（5）防盐雾：（可选）。

（6）防台风：12 级台风设备不损坏。

（7）按照方式：固定安装，水平支架安装，满足车载部署、固定部署要求。

第五节　多普勒雷达探测

一、原理

（一）多普勒效应

生活中有这样一个有趣的现象：当一辆救护车迎面驶来时，听到的声音比原来高；而车离去的时候声音的音高比原来低。读者可能没有意识到，这个现象和医院使用的彩超属于同一个原理，那就是"多普勒效应"。

多普勒效应（Doppler Effect）是为纪念奥地利物理学家及数学家克里斯琴·约翰·多普勒（Christian Johann Doppler）命名的，他于1842年首先提出了这一理论。主要内容为物体辐射的波长因为波源和观测者的相对运动而产生变化。在运动的波源前面，波被压缩，波长变得较短，频率变得较高（"蓝移"，Blue Shift）；在运动的波源后面时，会产生相反的效应。波长变得较长，频率变得较低（"红移"，Red Shift）；波源的速度越高，所产生的效应越大。根据波红（蓝）移的程度，可以计算出波源循着观测方向运动的速度。

恒星光谱线的位移显示恒星循着观测方向运动的速度，除非波源的速度非常接近光速，否则多普勒位移的程度一般都很小。所有波动现象都存在多普勒效应。

传统雷达在军事上主要用于探测高空、快速、大飞行目标，而无人机属于低空、慢速、小飞行目标（低、慢、小），传统军用雷达比较难探测到。近几年国内外相继有一些雷达厂家优化了雷达信号处理算法，已能够较好地探测低、慢、小空中目标，雷达探测逐渐成为一种主流的无人机探测技术。

由于雷达是依靠物体反射波来判定物体大小和距离，空域中的飞鸟、风筝往往会对判别造成干扰，因而雷达技术往往会与光电摄像机进行联动，通过图像和雷达双向识别来确认无人机目标。此外，要实现无人机的探测跟踪以及精确打击不仅需要经纬度信息，还需要高度信息。有源相控阵雷达由于可以实现三坐标探测，应用成熟度更高一些，如图4.19所示。

图4.19　雷达探测与光电联动

（二）相控阵雷达工作原理

相控阵就是由许多辐射单元排成阵列形式构成的走向天线，各单元之间的辐射能量和相位关系是可以控制的。典型的相控阵是利用电子计算机控制移相器改变天线孔径上的相位分布来实现波束在空间扫描，即电子扫描，简称电扫。相位控制可采用相位法、实时法、频率法和电子馈电开关法。在一维上排列若干辐射单元即为线阵,在二维上排列若干辐射单元称为平面阵。辐射单元也可以排列在曲线上或曲面上,这种天线称为共形阵天线。共形阵天线可以克服线阵和平面阵扫描角小的缺点,能以一部天线实现全空域电扫。通常的共形阵天线有环形阵、圆面阵、圆锥面阵、圆柱面阵、半球面阵等。综上所述,相控阵雷达因其天线为相控阵型而得名。

相控阵雷达有相当密集的天线阵列。在传统雷达天线面的面积上目前可安装 1000～2000 个相控阵天线(F-22 约有 2000 个),任何一个天线都可收发雷达波,而相邻的数个天线即具有一个雷达的功能。扫描时,选定其中一个区块(数个天线单元)或数个区块对单一目标或区域进行扫描,因此整个雷达可同时对许多目标或区域进行扫描或追踪,具有多个雷达的功能。由于一个雷达可同时针对不同方向进行扫描,再加之扫描方式为电子控制而不必由机械转动,因此资料更新率大幅提高,机械扫描雷达因受限于机械转动频率而资料更新周期为秒或十秒级,电子扫描雷达则为毫秒或微秒级,因而它更适于对付高机动目标。此外,由于可发射窄波束,因而也可充当电战天线使用,如电磁干扰甚至是构想中发射反相位雷达波来抵消探测电波等。

(三)相控阵雷达和传统雷达的区别

描述相控阵雷达需要与一般的雷达对比起来看。普通雷达是通过信号发射/接收器的旋转来实现对目标探测的,相控阵雷达是直接控制电磁波的照射方位起到扫描的作用,可对雷达阵面前方 120°进行实时观测,反应速度优于普通雷达;相控阵雷达可以同时形成多个波束以应对复数目标,而普通雷达只有一个波束,难以应对多个目标。此外,相控阵雷达在工作时相当于有很多的小雷达同时工作,它们之间相互独立,部分单元的损坏不会影响正常使用,抗干扰的能力也更强。

传统雷达通常采用反射面式天线,它将发射机产生的电磁能量辐射到大气中,形成一个很窄的波束。而相控阵雷达的天线较之传统雷达却是大不相同。它不是一个天线,而是几百到几千个天线单元,它们有规则地排列在阵面上,构成阵列天线,每一个天线单元都与一个发射接收组件相连,组成一个独立的、具有信号放大、发射和接收能力的辐射器。

相控阵雷达较之传统雷达,主要有以下五个优点。

(1)波束指向灵活,能实现无惯性快速扫描,扫描数据率高。

(2)单个雷达可同时形成多个独立波束,分别实现搜索、识别、跟踪、制导、无源探测等多种功能。

(3)目标容量大,可在空域内同时监视、跟踪数百个目标。

(4)对复杂目标环境的适应能力强。

(5)抗干扰性能好。全固态相控阵雷达的可靠性高,即使少量组件失效仍能正常工作。

(四)有源相控阵雷达与无源相控阵雷达的区别

相控阵雷达实际上是指一种采用特殊天线体制的雷达(当然现在其实已经很普及了)。相控阵天线一般为平面阵列,阵列中有很多个阵元,每一个阵元都可以控制其电流相位,通过控制阵元之间相位差来实现电子扫描。相控阵雷达是电扫描雷达的一种。

相控阵雷达还可以细分为无源相控阵(PESA)和有源相控阵(AESA)两种,有时也翻译成被动(Passive)和主动(Active)两种类型。

1. 主要区别

一般而言无源相控阵是一个发射机,再馈电到天线阵列前端,实施电扫描,发射机多采用行波管、真空管等电子器件。有源相控阵是阵列前端,每一个阵元就是一个 T/R 组件,可以单独辐射电磁波,不需要设置专门的集中式发射机,发射机多采用固态器件。可以简单理解为普通手电筒和多个灯泡的那种 LED 手电筒的区别。AESA 在结构上比 PESA 复杂得多,成本也高得多,但是在军事上性能可以提升一个档次。

2. 无源相控阵

(1)采用集中式发射机,发射机输出信号放大后首先经过功分网络,然后经过移相器移相,最后接至天线阵列面。

(2)因为这种集中式发射机几乎都采用电真空器件,这样在功率分配网络中损耗较大。

(3)总体技术难度较有源阵小。

3. 有源相控阵

(1)采用分布式发射机,多为每一个天线后方有单独的发射机相连,且阵元天线后接单独的 T/R(收/发)组件。这就是"有源"名字的来历。也有的有源阵把阵列面分为很多小阵。每一个小阵共用一个单独的发射机。

(2)采用 T/R 组件,固态发射机。T/R 组件上面可集成高功率放大器、低噪声放大器和可调移相器等部件。因为多采用固态器件,可大幅度减小雷达总体的质量和体积,并且提高效率和可靠性。

(3)更容易实现大功率。采用空间功率合成各子发射机的功率。固态器件技术发展至今,在 X 波段及以下,固态发射机的功率已经能和电真空器件相比。固态器件工作电压更低,可靠性更高,也更容易实现功率合成,所以在这些频段,总的来说固态器件更有优势。

二、典型设备

(一) 简介

低空探测雷达是无人机防控领域的探测设备,如图 4.20 所示。设备发射电磁波对目标进行照射并接收其回波,由此获得目标至电磁波发射点的距离、速度、方位、高度等信息,能形成目标的飞行轨迹,为远距离高清摄像机或者反制设备提供目标位置引导。设备专门针对"低慢小"目标研制,具有优异的低空无人机目标探测发现能力。设备可用于油气库、化工园区、监狱、政府机关所在地等要地,也可用于大型活动保障,探测发现飞行的无人机。

图 4.20　低空探测雷达

(二) 功能特点

(1)相控阵三坐标雷达,具有侦察典型民用四旋翼无人机等低空低速目标的能力,能够探测定位目标的 GPS 坐标和高度,显示目标的飞行轨迹。

(2)目标探测位置精度高,水平、俯仰精度可达 0.5°,

可以精确引导远距离高清摄像机捕捉目标画面,也可以引导高功率微波打击设备、高能激光打击设备、网弹设备、GPS 诱导设备等多种无人机反制设备。

(3) 通过软件设置雷达波发射功率扇区,可以有效保护电磁照射敏感区域。

(4) 远程开关雷达波的发射和雷达天线旋转启停。

(5) 雷达波为 Ku 波段,远离机场通信导航监控频率,对机场电磁环境无干扰。

(6) 雷达波可以设置七个频率点,雷达组网时避免相互干扰。

(三) 性能指标

(1) 雷达。

工作体制:有源相控阵雷达。

工作频率:Ku 波段。

扫描方式:电子扫描+机械扫描。

探测威力范围:最大探测距离≥3km(等效雷达反射面 RCS=0.01m^2,大疆精灵 4 为目标)。

最小探测距离:≤200m(检测概率 80%,虚警概率为 10^{-6})。

俯仰:40°(相对水平方向,电子扫描)。

测速范围:3~80m/s。

雷达分辨力:距离分辨力≤3.75m,方位分辨力为 3°,俯仰分辨力为 3°,速度分辨力≤1m/s。

搜索精度:距离误差≤7.5m(系统误差和起伏误差的均方根值)。

方位误差:≤0.5°(系统误差和起伏误差的均方根值)。

俯仰误差:≤0.5°(系统误差和起伏误差的均方根值)。

搜索数据率:≤6s。

(2) 转台。

扫描速度:60°/s。

方位扫描范围:360°(相对天线法线方向,机械扫描)。

通信接口协议:千兆位以太网,UDP 自定义通信协议。

供电及功耗。

整机功耗:≤150W。

雷达发射峰值功率:≤130W。

供电方式:DC24V 稳压电源供电。

(3) 整机。

整机尺寸:420mm×240mm×575mm(宽×厚×高)。

重量:≤35kg。

(4) 环境适应性。

工作温度:-25~55℃。

储存温度:-40~70℃。

相对湿度:<90%。

相对防护等级:IP65。

三、设备安装与操作

(一)设备安装

雷达设备安装步骤如图 4.21 所示。

(a) 用螺钉把云台固定在底座上　　　(b) 把主机固定到云台上　　　(c) 分别接上电源线和网线
　　(底座须调水平)

图 4.21　雷达设备

(二)软件安装与使用

(1) 运行上位机软件 vs2010/autorun.exe,安装在 C 盘下(需要 2GB 空间)。将 OSG_2.9.13_VC10 文件夹复制在 C 盘目录下。

(2) 配置环境变量,右击"此电脑",选择"属性"→"高级系统设置"→"环境变量"→"新建"选项,输入变量名、变量值、确定保存。按照如图 4.22 所示方法输入以下 4 个变量。

OSG_INC	C:\OSG_2.9.13_VC10\include
OSG_LIB	C:\OSG_2.9.13_VC10\lib
OSG_ROOT	C:\OSG_2.9.13_VC10
PATH	C:\OSG_2.9.13_VC10\bin

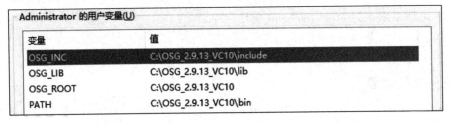

图 4.22　配置环境变量

(3) 运行上位机软件 WinPcap_4_1_3.exe,默认设置安装。将相同目录下 MSCOMM 文件下内 4 个文件复制到 C:\Windows\system32 和 C:\Windows\SysWOW64 目录下。

(4) 出现运行命令提示符,输入 Regsvr32 C:\Windows\System32\Mscomm.ocx,按 Enter 键,提示注册成功。

(5) 解压缩神盾系统软件文件(需购买正版软件)到计算机。

(6) 运行解压文件中的 SDServer 文件。

(7) 运行解压文件中的 SDTerm 文件。

(8) 把文件夹里的 eg_path 复制到 C 盘根目录。

(9) IP 地址设置:此设备 IP 地址为 192.168.0.55,请设置计算机 IP 地址为 192.168.0.X(X 为任何与网络不冲突的数字)。

(10) 运行 R01A 上位机软件 BirdsDetectOSG_2km_Ultimate_8forecast_trackInfo_range_v_z_RCS_pick_20190308.exe。

(11) 运行 R01A 上位机软件 BirdsDetect_2km_Ultimate_forNo14_20190410,如图 4.23 所示。

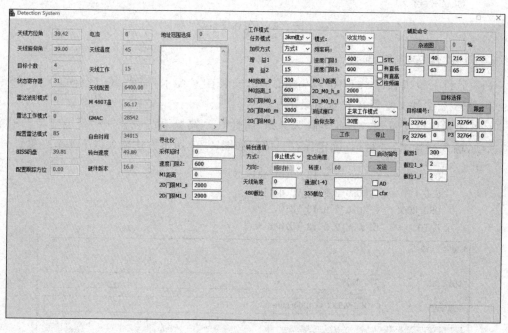

图 4.23　上机位软件

(12) 运行桌面上的 start backend 应用程序。

(13) 运行桌面上的 start frontend 应用程序。

(14) 单击"登录"按钮,如图 4.24 所示。

(三) 参数设置

(1) 在 1 位置选择"收发均加电",在 2 位置选择"工作",启动 R01A 设备,如图 4.25 所示。

(2) 从左侧选择"菜单"→"信息管理"→"设备管理"。

图 4.24　登录界面

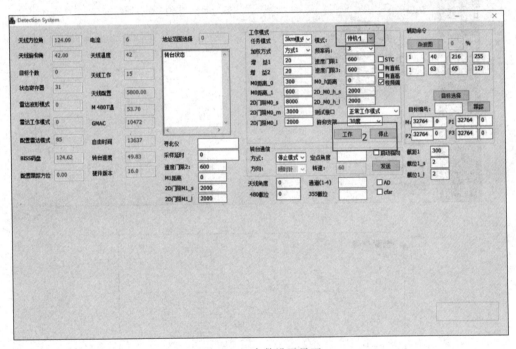

图 4.25　参数设置界面

（3）选择设备 radar 9，进行操作，如图 4.26 所示。

（4）对相应的角度进行设置，进行角度校准，确定保存，如图 4.27 所示。

注意：

2d 门限 1，7000，1km 内门限。

2d 门限 2，2000，1km 外门限。

7000 和 2000 门限对应 3km 的威力范围，2d 门限以 1000 为步进。

数值越大空域越干净，越容易湮灭探测目标，探测距离越短。

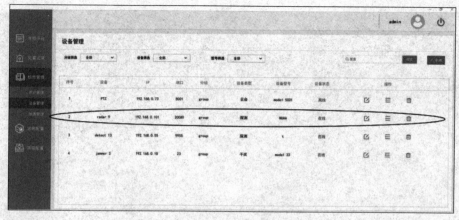

图 4.26　选择设备

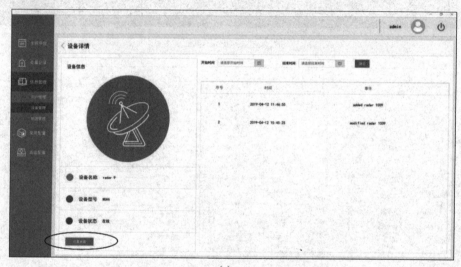

(a)

(b)

图 4.27　参数设置

(5) 界面左上角天线方位角,沿顺时针转动,顺时针递减,正东方向为 0°,与设置静默时的读数有对应。

(6) 开机工作,将模式选择为"收发均上电",然后单击"工作"按钮。

(7) 停止工作,直接单击"停止"按钮,则雷达停止转动,停止发射。

(8) 待机模式,直接单击"工作"按钮,则雷达只转动,不发射。

(9) 增益 1、增益 2;数值可改为 30、20 或者 15,过大有饱和风险,过小有衰减风险。调整范围以 5 步进,根据现场选择合适的增益。

习　题

1. 通过本章的学习,我们了解到五种无人机探测技术,请同学们简单归纳一下哪种属于较为可靠的探测技术? 哪种属于不可靠的探测技术?

2. 简单描述本章所学的五种无人机探测技术各自的优缺点。

3. 请说明基于多技术的复合型无人机探测设备的重要性。

4. 简述无人机探测设备的使用方法及注意事项。

第 五 章

捕获摧毁类无人机反制技术

第一节　鹰补式反制技术

一、原理

在众多鸟类中,鹰的视力是最为人称赞的,在正常情况下,它的视力范围可以达到
36km。除了视野宽阔外,鹰的目光也极其敏锐,能在高空准确地辨认出物体,因此"鹰眼"这
个词也常被人们用来形容一个人的目光锐利。

鹰是一种体态雄伟、性情凶猛的鸟类,它们一般栖息于峡谷、林地,捕食小型哺乳动物、
爬行动物和其他鸟类。凭借一双有力的爪子,它们能牢牢抓紧猎物,强大的钩状喙能帮助它
们轻易撕破猎物的皮肉。鹰的视力在动物界是出了名的,它是大名鼎鼎的"千里眼",即使它
在千米以上的高空翱翔,也能发现地面上的猎物。它的眼睛不仅看得远,而且看得很清楚,
能准确辨别猎物的种类,蛇、兔、田鼠等都逃不过它的眼睛,观察物体的敏锐程度在鸟类中名
列前茅,如图5.1所示。

二、典型案例

法国空军曾成立专门的金雕培育训练小组,利用金雕凶猛的捕猎能力来对付非法飞行
的无人机,如图5.2所示。

三、设备优劣势

在2016年9月,荷兰警方宣布正在部署老鹰来攻击无人机,当出现"黑飞"无人机时,让

图 5.1　鹰捕捉无人机

图 5.2　金雕

老鹰用爪子捕获无人机。为此,他们还特地购买了 4 只海鹰幼鸟。为荷兰警方提供老鹰训练支持的是一家叫 Guard From Above 的公司。不过荷兰警方在 2017 年就停止使用老鹰了,因为训练老鹰的费用比预期的多很多,而且老鹰不会一直按照他们所训练的那样做。同时,警方也怀疑,这些鸟禽在受控的训练环境之外是否也会照样表现良好。

　　也有人指出,直接把鹰当作反无人机武器问题在于"猛禽仅在饥饿和守卫自己地盘的时候才会追击目标,而且无人机螺旋桨可能会伤害到它们。让一支饥饿的猛禽防御队随时待命并不实际,让其捕捉多旋翼机是不道德的"。

　　因此鹰补式反制无人机系统只是小规模试用,并没有大规模推广。

第二节　射网式反制技术

一、原理

　　网捕技术目前主要方法有：采用大型旋翼无人机加载网枪发射网弹；采用旋翼无人机挂载抓捕网，对目标进行抓捕；或采用车载发射网弹、单兵肩扛式发射网弹等。此类方法由于受目标景深影响，精确瞄准难度较大，对抓捕手的操作技术要求极高，成功率受限。另外，此方法难以应付蜂群式无人机袭击。

二、典型设备

　　美国密歇根理工大学的研究人员提出了一种解决办法——一台可以发射网捕捉其他无人机的无人机。这台由人类控制或者自主飞行的无人机将会从高达 40 英尺（1ft ＝ 0.3048m）的空中射出一张大网，后者会在飞行过程中展开，捕捉其他无人机然后飞至指定安全地区，如图 5.3 所示。

图 5.3　发射网捕捉

三、应用场景

　　目前网捕反制无人机技术尚不成熟，原因如下。

　　（1）通过实验，无论机载射网还是地面射击，打中目标无人机的精确度都非常低。

　　（2）反应速率偏低。

　　以上原因导致多数研究仅停留在实验室测试级别，而生产成品的厂家在实际应用中并无成功案例，所以暂时仅作为原理探究。

第三节　激光打击式反制技术

一、原理

　　激光辐照目标表面之后，可产生一系列的光电学、热学、力学等物理和化学过程，使目标的某些部件受到损伤。对于民用无人机来说,高能激光光斑首先会使其壳体燃烧,短时间内烧穿壳体后,对其内部控制电路、元器件等进行烧蚀、摧毁,最终从空中坠落。

激光打击系统主要由激光产生分系统、光束控制分系统、测距制导分系统及精密跟瞄分系统等组成,如图 5.4 所示。

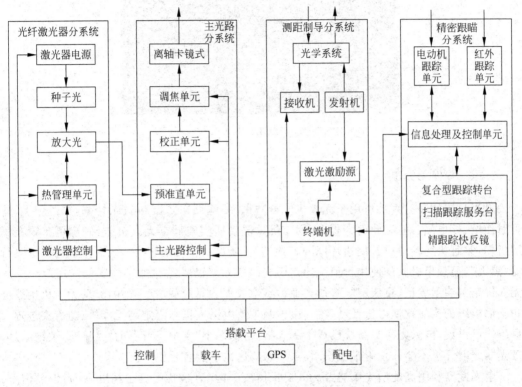

图 5.4   典型激光打击系统的组成

激光产生分系统通常由激光器、热控管理等部分组成。随着近年来光纤激光技术的发展,其稳定性、可靠性、性价比、重量能量比等方面均具有较大优势,目前已成为战术级激光打击的首选光源。热控管理主要包括压缩机和水箱等,任务是为激光器和光学设备进行温度控制,保障激光器和光学系统的稳定运行。

光束控制分系统主要包括一级扩束器、二级扩束器、调焦装置、光束偏转装置等部分,任务是根据测距信息调整激光聚焦距离,使高能激光聚焦在目标表面,并根据精跟踪脱靶量信息控制光束指向,对目标点实现稳定打击。

测距制导分系统即为激光测距机,主要为激光打击提供目标距离信息。精密跟瞄分系统即为光电跟踪系统,是激光打击能够稳定命中目标的保障。

激光打击系统一般采用车载平台或固装形式,采用外部指令导引、精密跟瞄引导激光照射目标直至毁伤的作战体制,通过红外搜索信息引导,在指控设备控制下,精密跟踪转台快速调转到威胁目标方位,并快速捕获及跟踪目标,使目标始终处于跟踪设备视线中心,然后进入精密跟踪状态,激光测距机测出目标精确距离,随之设备自动调节发射系统焦距,将大功率激光准确聚焦照射威胁目标,实施物理毁伤,如图 5.5 所示。

图 5.5　激光打击无人机

二、典型设备

激光打击式净空系统可用于无人机蜂群防御、要地低空防御和激光拦截,在民用上,既可对使馆、核电站、油库、政府大楼、博物馆等重要场所实施低空无人机防御,也可布置在民用机场,驱赶机场跑道以及周边环境的各种鸟类,还可制止民用航线上的无人机等低空飞行器"黑飞",显现出极大的使用价值。国产激光净空系统已受邀参加了公安部一所组织的反无人机全国演示验证、重庆国际智能产业博览会安保、"无形截击——2018"反无人机挑战赛和某部组织的实战化演习等活动,现场击毁数架旋翼无人机和固定翼无人机,防御攻击效果卓越。可以说,该激光净空系统已成了无人机等"低慢小"空中飞行器的"克星"。关键的是,激光器照射几乎不会产生附带损伤,在人口密集区内也能有效使用。

激光武器利用高能激光束烧毁无人机机体或关键部件,其优点是精度高、附带毁伤小、抗电磁干扰能力强,但作战效果受雨、雪、雾等天气因素影响严重。反无人机激光武器主要包括舰载型、便携式、车载型三类,最大输出功率已达 60kW 级。2014 年,美国海军使用功率 33kW 的 AN/SEQ-3 舰载激光武器击落 1 架"扫描鹰"无人机,验证了舰载激光武器在海洋环境下对抗无人机的能力;2015 年 8 月,波音公司在演示中利用 2kW 的"紧凑型激光武器系统"(便携型)击落 1 架无人机;2016 年 4 月,美国陆军利用高能激光机动车发射的高能激光束烧毁无人机飞行控制部件,使无人机迫降;2017 年 3 月,洛克希德·马丁公司向美国陆军交付的 60kW 的高能激光机动车,是目前输出功率最高的车载激光武器系统,如图 5.6 所示。

2019 美国芝加哥国际无人系统展暨无人机机器人展上,来自瑞士无人系统解决方案开发商 Uavos 公司展示了一款反无人机装置,其独特的外观和杀伤效果(受损的多旋翼无人机)引起不少观众的关注,如图 5.7 所示。

三、应用场景

激光打击技术对低空无人机目标实施拦截在近年来已经获得了试用及初步应用。激光防御低空无人机目标具有以下优点:

(1)速度快,精度高。激光束从发射到到达其目标所用时间极短,无须考虑弹道。

图 5.6 一种光电跟踪、激光打击一体化的平台　　　图 5.7 无人机反制装置

（2）兼备软杀伤和硬杀伤能力。可以致盲"低慢小"目标上的传感器，使其不能正常工作，也可以破坏其壳体结构，直接将其摧毁。

（3）摧坚能力强。能击穿和熔化各种金属和非金属材料。

（4）作战效费比高。激光硬毁伤设备每次发射只消耗部分电能，发射成本极低。

（5）对一个目标可以实施连续不间断的拦截打击，可显著提高目标拦截概率。但鉴于激光打击系统的技术水平及关键元器件的制造成本，目前激光打击系统的造价较高，后续应降低系统制造成本，从而便于大范围推广应用。如图 5.8 所示为一架被激光打击的无人机。

图 5.8 被激光打击的无人机

四、相关设备优劣势

1. 优势

（1）反应速度快。

（2）命中率高。

（3）毁伤效果好。

2. 劣势

（1）研发、生产成本非常高，导致售价同样很高。

（2）击落之后容易产生二次伤害。

（3）对金属外壳无人机无效。

第四节　声波击落式反制技术

一、原理

声波武器对物体的破坏和损伤主要是通过声波引发物体的共振和对物体产生声压冲击与热效应实现的。当次声武器或噪声武器发出强度很大的声波，其频率与飞机、装甲车辆、舰艇等作战平台以及武器装备中某些关键部件的固有频率十分接近时，将使这些部件产生共振，可能导致它们移位倾斜、形变弯曲或松动开裂，进而导致性能降低或工作失常甚至损坏。如利用噪声武器对抗飞行速度较慢、高度较低的无人机时，如果特定的噪声波与无人机上飞行控制装置的固有频率匹配，就可以诱发共振现象，干扰飞行控制装置的正常工作，进而破坏无人机的平稳飞行。

二、典型设备

澳大利亚无人机防护公司 Drone Shield 利用听觉技术研发了一种防护罩。该防护罩内置 Raspberry Pi、信号处理器、分析软件、无人机声音特性的数据库，可以通过监听周围环境和声音对比侦察到 137m 远的无人机。一旦无人机接近禁飞区，防护罩就会通过邮件或者短信向监控人员发出警报。

韩国先进科学技术研究院（KAIST）的研究人员对无人机中的关键组件陀螺仪进行了共振测试，发现可利用声波使陀螺仪发生共振，输出错误信息，从而导致无人机坠落。

KAIST 的电子工程教授金龙大表示，无人机中陀螺仪的功能是提供机体倾斜、旋转及方向角度等信息，以保持机体平衡。金龙大的试验表明，利用外部声波使无人机的陀螺仪发生共振，从而扰乱无人机的平稳飞行，在技术上是可行的。

在测试中，研究人员给无人机接上非常小的商用扬声器，扬声器距离陀螺仪 4 英寸（约 10cm），然后通过笔记本电脑无线控制扬声器发声。当发出与陀螺仪匹配的噪声时，一架本来正常飞行的无人机会忽然从空中坠落。或者是当声音足够强（例如达到 140dB），声波可以击落 40m 外的无人机。

三、应用场景

声波探测无人机技术不成熟的原因如下。

（1）远距离下的无人机声波作用会急剧下降，只有无人机达到 50m 以内，悬停才可实现反制。

（2）对无人机的声波攻击，容易受风、雨噪声的干扰。

习　　题

1. 通过本章的学习，我们了解到四种捕获摧毁类无人机反制技术，请同学们简单归纳一下哪种属于较为可靠的反制技术？哪种属于不可靠的反制技术？

2. 简单描述一下本章所学的四种无人机反制技术，各存在哪些问题。（不少于 400 字）

第 六 章

驱离迫降类无人机反制技术

第一节 电磁频谱干扰

无人机数据链采用跳频通信方式来对抗信道中有意或无意的干扰与噪声,跳频通信的初衷是通过不断变换信号传输频率从而躲避敌方干扰源的功率压制干扰,其本质上是通过"躲避"而不是以能量对抗的抗干扰手段。前文已经提到,跳频通信系统的抗干扰能力主要受跳频速度以及跳频带宽影响,跳频速度越快、跳频带宽越宽,抗干扰能力越强,但除受元器件性能和成本的制约外,跳频速率越高,同步性能、抗多径性能越低;另外,跳频宽度也受频率管理相关法律法规和频谱污染等因素约束。目前,常用的跳频宽度在数十千赫到数十兆赫,跳频速率从每秒十几跳到每秒数千跳都有使用。而本书重点讨论的民用小型无人机数据链通信跳频宽度为几兆赫,跳频速率在每秒 100 跳以下。因此,民用无人机数据链路跳频通信仍然在抗干扰方面存在一定的局限性,这为我们对其进行干扰提供了突破口。

从干扰模式上划分,针对跳频通信的干扰可分为阻塞干扰、跟踪干扰以及多频连续波干扰,不同的干扰模式各有优缺点,可根据实际情况选择合适的干扰方法。

一、阻塞干扰

阻塞干扰是一种将干扰功率分布在目标通信带宽的全部或大部分频率范围内的干扰方法,干扰方无须关注跳频系统载波跳变的规律,干扰载体信号特征也无须和通信信号特征相近,只要干扰功率足够,便能够破坏跳频通信系统的信息传递。这种方法所需先验知识最少,实现简单且成本低,但其所需干扰功率较大,对信道间隔较宽和跳频带宽较大的跳频通信系统的干扰效果较差,且容易对同频段的其他通信系统造成较大干扰。

（一）宽带阻塞干扰

宽带阻塞干扰只需先获得目标跳频通信系统的频段信息，然后对其全频带或大部分频带进行时间上连续的、频域上无间断的固定或轮流大功率干扰。这种方式下，干扰机发送的功率被平均分配到整个通信频带上，跳频系统的跳频带宽越大，单位频带上的干扰功率就越小。宽带阻塞干扰对通信侦察、识别、跟踪和响应速度的要求都不高，是一种完全以能量优势取胜的干扰方法，其频域示意图如图 6.1 所示。

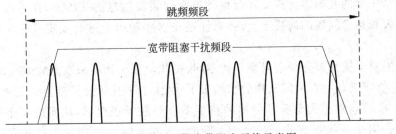

图 6.1 跳频通信宽带阻塞干扰示意图

宽带阻塞干扰将干扰功率分布于通信的全部频带上，只要干扰功率足够，对任何通信系统都能进行有效干扰，也正是其频谱全覆盖的特性，使用较宽跳频带宽的系统能够有效对抗这种干扰；然而，干扰功率分散后，若通信信号功率较高，干信比会非常低，跳频系统受到干扰的效果也会很低。因此，宽带阻塞干扰适用于干扰跳频频段较窄且通信信号功率较低的跳频通信系统。

（二）部分频带阻塞干扰

与宽带阻塞干扰不同之处在于，部分频带阻塞干扰将干扰能量集中在跳频频带的部分频段上。实际应用中，跳频系统为了获得更高的跳频增益，通常采用较宽的信道间隔和跳频带宽，这样，对跳频系统进行全频段的功率压制就难以实现。因此，可将干扰集中在跳频带宽的部分连续频段内，采用部分频带阻塞干扰，以实现压制功率的相对集中，示意图如图 6.2 所示。

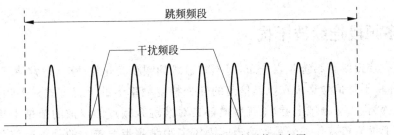

图 6.2 跳频通信部分频带阻塞干扰示意图

严格来说，部分频带阻塞干扰也属于定频干扰技术，因此不适用于采用了以下技术的跳频通信系统。

1. 空间信道搜索技术

空间信道搜索技术（Clear Channel Assessment，CCA），在信息传输前先对将使用的频带进行扫描，如果检测到此频带上存在干扰，则调整跳频图案至其他空闲频段上以保证不存在干扰信号，实现信息的可靠传输。

2. 自适应跳频技术

自适应跳频技术是建立在自动信道质量分析基础上的一种频率自适应和功率自适应控制相结合的技术,自适应跳频技术能够躲避被干扰的信道,并能够使用较小的发射功率、较低的被截获概率实现长时间稳定通信,其自动避开存在干扰跳频频点的特性能够最大限度地降低部分频带阻塞干扰的影响。

(三)梳状阻塞干扰

梳状阻塞干扰的实施需要建立在获得跳频通信频段信息的基础上,在破译了跳频通信使用的频率表和频率间隔的前提下,有针对性地在这些频率上进行固定或轮流的多频点窄带瞄准干扰。

与宽带阻塞干扰和部分频带阻塞干扰不同,梳状阻塞干扰不采取无缝隙的频谱覆盖,从频域上看,干扰频谱是一系列间断性的窄频带干扰,由于干扰频谱只覆盖跳频通信传送信息的各个频点,信道间隔里大部分不使用的频率不会分散干扰功率,从而达到比宽带阻塞干扰和部分频带阻塞干扰更好的干扰效果;同时,己方通信可以利用干扰频点的间隔进行通信。

然而梳状谱阻塞干扰也有其缺点,除了实现较为复杂且需要了解跳频系统的频率表和频率间隔等先验知识外,某些跳频图案时变的系统以及采用自适应跳频技术的跳频系统能够通过改变自身频率跳变的规律从而躲避梳状阻塞干扰。梳状阻塞干扰如图 6.3 所示。

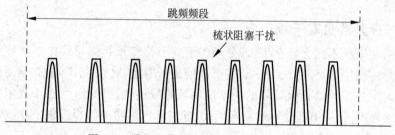

图 6.3 跳频通信部分频带阻塞干扰示意图

二、多频段连续波干扰

当干扰方获得跳频系统频点分布,但不知道跳频频率变化规律时,通常使用多频连续波干扰,是一种将干扰信号集中在跳频信道的部分特定频率上的干扰方式。多频连续波干扰和梳状谱干扰类似,从频域上看,干扰频谱都是对准跳频频点的离散的窄带干扰的组合,但多频连续波干扰只覆盖一部分跳频信道间隔较宽和跳频带宽较大的跳频通信系统,干扰效果较差,且容易对同频段的其他通信系统造成较大干扰。

通信方可以采取以下措施对抗多频连续波干扰。

(1)提高跳频频点数。根据理论分析,多频连续波干扰效果与跳频频点数呈反相干关系,当跳频频点数增多时,干扰方需要相应地增加干扰频点数目并提高了总体干扰功率,而通信方无须增大通信功率。

（2）提高通信信号功率。在 FSK 信号调制的跳频系统环境下，多平连续波干扰若想达到干扰效果，其分布在每个干扰频点上的功率都需要大于或等于通信信号频率，每当通信方提高通信功率一倍，干扰方至少需要提高干扰功率的倍数为干扰频率点数。

（3）空间信道搜索技术及跳频自适应技术。当干扰频率点数小于跳频频点数目时，多频连续波干扰也可看作定频干扰，同部分频带阻塞干扰类似，空间信道搜索技术和自适应跳频技术可通过避开干扰频段从而抑制多频连续波干扰。

三、跟踪干扰

在对信号快速侦测、截获、分析的基础上，短时间内引导干扰机干扰功率瞄准在跳频系统当前通信信道并实施窄带干扰的干扰模式为跟踪干扰，在跳频通信的一个频点驻留时间内，系统需要先对跳频信号进行截获分析并使干扰功率对准当前频率，当跳频系统频率跳变之后，干扰系统也随之改变干扰频率，使得干扰图案与跳频图案基本一致，如图 6.4 所示。

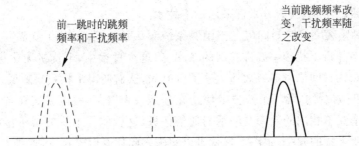

图 6.4　跳频通信跟踪干扰示意图

在跟踪干扰模式下，干扰机将跟随跳频频率的变化并实施窄带瞄准干扰，干扰功率集中，使得跳频系统失去跳频增益，干扰效果基本等同于针对定频窄带通信系统的干扰。一般认为，跟踪干扰是针对跳频通信最有效的干扰手段之一。然而，跟踪干扰的实现有诸多限制，首先，在跳频组网的条件下，跟踪干扰要进行跳频网系分选，确定干扰目标的跳频网，实现跟踪干扰就很困难；其次，在快速跳频系统中，每一跳驻留时间极短，而在这一段时间内，干扰机将干扰频率对准跳频信道频率并实施有效干扰的时间比例越小，干扰效果也就越差，极端情况下，干扰机将频率对准的时间大于跳频驻留时间，此时，跟踪干扰也就失去了干扰效果。

本书主要讨论的是针对民用小型无人机的干扰与反制，其数据链路通信系统为单网使用的点对点跳频电台，且属于跳频速率低于 100 跳/s 的慢速跳频系统，这为对其实施有效跟踪干扰提供了条件；另外，绝大多数情况下跳频电台和干扰机的距离很近，可从跳频电台及干扰设备之间的几何距离上入手，进一步提高跟踪干扰的效果，这种距离关系称为干扰椭圆，以下对其进行简要分析。

假定跳频发射机（一般为无人机遥控器）与干扰机之间的距离为 d_1，干扰机与跳频接收机（无人机）之间的距离为 d_2，跳频发射机与跳频接收机之间的距离为 L，关系图如图 6.5 所示。

对于无人机数据链这种短距离视距跳频通信系统，干扰椭圆的大小基本取决于跳频

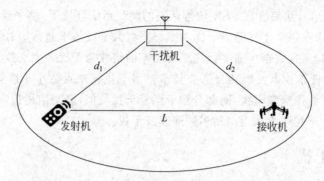

图 6.5　干扰机与通信发射机及接收机位置关系示意图

驻留时间和干扰机反应时间的差 ΔT，而无人机跳频驻留时间一般大于 10ms 且不受干扰方控制，因此，尽量缩短干扰机反应时间是重中之重，一方面，较短的反应时间能够在时域上使得干扰功率更多地进入跳频接收机，另一方面也使得干扰机的部署位置更具可操作性。

为了应对跟踪干扰，通信方常常采用以下技术。

(1) 提高跳频频率及跳频间隔。当跳频系统频率跳变后，跟踪干扰需要在宽频段上搜索新的通信频率并将干扰频率瞄准在新的频率上，这个过程中，干扰机无法进行有效干扰，提高跳频频率和跳频间隔能够有效增大这部分时间，从而使得干扰效果降低。

(2) 跳频组网技术。跳频组网技术使得在任意一个时刻，跳频系统在各个网络所有的频率中选取多个互不相同的频率共同承担通信任务，这就使得干扰方很难接收并从众多频率中判断出需要干扰的频率，跟踪干扰就难以实施。此种通信模式下，阻塞干扰将取得更好的效果。

压制式无线电干扰也许是最直接有效且成本最低的反制方式。压制式反制实际上就是对于非法无人机的遥控链路、信息传输链路和 GPS 导航信号进行无线电压制干扰，让非法无人机在一定的区域内成为"瞎子""聋子"或"哑巴"。即使有无人机惯导的作用，也只能维持很短时间的原始姿态，无法按照操控者的愿望继续运动。

四、应用场景

通过前面对无人机数据链路的研究，可知无人机数据链路通信系统具有较高的扩频增益，因此干扰方需要付出较大的干扰功率代价才能达到干扰目的，并且部分干扰方法需要一定的无人机数据链先验知识才能进行干扰。因此，应当根据实际工作环境，选取合适的干扰策略。以下对不同环境下无人机干扰策略的选取做部分假想及分析。

(一) 近距离无人机目标

这类无人机目标距离干扰设备较近，一般为人眼可视范围之内(0~500m)，一般出现在大型集会场所、旅游景区、重要人物出席场所等，此时可在安防场所布设便携式及车载式干扰设备，当发现非法闯入的无人机后，可将干扰功率通过定向天线对准目标进行干扰，由于安防范围较小，干扰设备能够将足够的干扰能量辐射至无人机，因此可以采用宽带阻塞干扰或部分频带阻塞干扰方式，这样无须侦测并收集无人机数据链信号的先验知识，且设备实现简单、成本低廉并能达到干扰目的。

（二）远距离无人机目标，具有无人机跳频图案等信息

这类无人机目标距离干扰设备较远（大于 500m），一般出现在飞机场、发电站等需要安防的范围较广的区域。这种环境下，要求干扰方能够在远距离情况下及时发现入侵的无人机并及时完成干扰反制。干扰难点在于目标距离远且无足够的供干扰设备机动部署的时间。因此可在对信号快速侦测、截获、分析的基础上，短时间内确定干扰对象并引导干扰机将干扰功率瞄准无人机当前通信频率并实施跟踪干扰。这种干扰模式需要在远处通过雷达或光电探测等方式及时发现入侵无人机，并对无人机信号进行收集并破译出其跳频图案等关键信息，使设备实现难度大，成本高昂。

（三）远距离无人机目标，不具有无人机跳频图案等信息

这类无人机多为个人手工设计制作，频率使用不严格，通信模式多样，对其信号进行侦测、截获及分析的难度较大，当其出现在机场、发电站等需要重点保护的场所时，可能造成的安全危害极大。因此可分布式地部署多台固定式干扰设备以获得足够的干扰能量，通过雷达及光电探测设备发现无人机目标后，通过宽带噪声干扰、部分频带噪声干扰或多频连续波干扰对其进行干扰反制。

无人机数据链通信负责无人机遥控器上行控制指令及无人机下行图传及状态信息的传输，当切断无人机与遥控设备的通信后，无人机将根据预设失控行为进行应急响应，旋翼无人机的失控行为包括悬停、返航、降落，固定翼无人机失控行为包括返航和空中盘旋。以下对无人机数据链干扰生效后几种失控行为的响应模式做简要介绍。

（1）悬停或空中盘旋：无人机失去和遥控器联系后，若失控行为设定为悬停（旋翼无人机）或空中盘旋（固定翼无人机），无人机将根据当前导航定位信息尽量停留在当前位置，直到续航能力耗尽后坠落或迫降。

（2）返航：无人机设定失控行为为返航后，无人机将根据导航系统指引飞行至起飞地点上空并降落。

（3）降落：无人机设定失控行为为降落后，当断开与遥控器通信后，无人机将缓慢垂直降落至地面。

因此，实际应用中，切断无人机数据链通信后，若无人机悬停在空中，可使用升空设备进行升空抓捕；若无人机缓慢降落，可疏散地面人群并清理地面设施及财物，当无人机降落至地面后抓捕；若无人机返航，则只能完成无人机驱离目标，当无人机在较远距离降落或脱离干扰有效范围时，无法轻易地对无人机进行捕获，因此，需要对无人机导航信号干扰进行研究，以达到更佳的无人机干扰与反制目的。

第二节　GPS 压制干扰

一、原理

GPS 压制干扰的定义为：以强功率干扰信号，迫使 GPS 接收机饱和或通过宽带均匀干扰频谱阻塞接收设备使其无法正常工作。对 GPS 系统的压制干扰技术体制主要有阻塞式

干扰、瞄准式干扰、相关干扰,具体分类如图 6.6 所示。

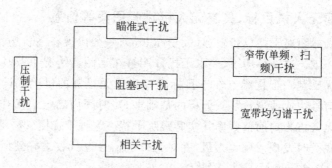

图 6.6　GPS 压制干扰技术分类

(1) 瞄准式干扰是与 GPS 载频 L1 同频的单峰干扰,干扰方将干扰功率准确对准 1575.42MHz,使用特定卫星信号的扩频码调制干扰信号。这种干扰方式下,干扰机只能对一个卫星信号产生干扰效果。

(2) 阻塞式干扰又称通频带宽带干扰,干扰信号为与 GPS 信号频谱带宽相同或接近的伪随机噪声调制信号。阻塞式干扰能有效干扰一定区域内出现的所有 GPS 信号。

(3) 相关干扰。利用与 GPS 信号的伪随机序列具有良好相关性的伪码产生干扰信号,能够影响相关器的输出噪声电平,相关干扰能够将更多的干扰功率送入目标接收机,从而在低干扰功率的情况下获得较好的干扰效果。

前文已经提到,GPS 信号频率公开、传输功率小,这使得能够使用频率对准的以能量为主的干扰模式对 GPS 系统进行有效的干扰。

(1) 即使 GPS 系统采用扩频通信技术获得了极高的扩频增益,并且 GPS 信号淹没于背景噪声中,极具隐蔽性,难以检测及进行干扰,但 GPS 信号传输到地面的功率极低,要求 GPS 接收设备的灵敏度较高,因此用不大的干扰功率即可进行有效干扰。

(2) GPS 接收机方向图为半球状以便接收和跟踪多颗卫星,因此可进行干扰的空域较大。

(3) GPS 采用固定载波 L1 及 L2 调制数据,因此可将干扰功率集中在载波附近的窄带内。

(4) 民用 C/A 码信号结构简单且码型对外公开,所以可以据此设计干扰波形以达到更好的干扰效果。

二、干扰途径类型

GPS 系统由空间星座、地面监控站、用户接收机三部分组成,这三部分皆可能成为被干扰的对象。对 GPS 空间星座和地面监控站进行的干扰会影响整个 GPS 系统的运转,干扰难度大,破坏性强,只适合战争条件下瘫痪敌国导航系统的情况。在民用领域,本书只讨论对用户接收机的干扰。

由于 GPS 信号的载频是公开的,而 GPS 卫星轨道较高,且发送信号的功率有限,因此利用干扰机近距离对目标接收机进行压制干扰是可以实现的。

对 GPS 系统进行干扰的途径大致分为三种:升空干扰、星载干扰以及地面干扰。为了减少干扰路径中的损耗和避免遮挡,可采用直升机、无人驾驶飞机、热气球等手段使干扰机升空到一定高度,使得干扰信号能够进入 GPS 接收机天线。如果要对远距离高空目标实施干扰,普通的机载升空干扰达不到理想的干扰效果,此时可以采用低轨道卫星搭载干扰设备并组成干扰辐射网。升空干扰和星载干扰方式实现成本高且多用于军用领域,这里着重探讨对 GPS 接收机的地面干扰途径。

地面 GPS 干扰可在短距离条件下产生足够的干扰功率,并且干扰目标明确,操作灵活,可灵活部署在重点防御区域并完成重点攻防方向的干扰任务。地面 GPS 干扰大致可有如下模式。

1. 车载式 GPS 干扰

将干扰机搭载在各种车辆上,车载干扰模式下,干扰设备能够从车辆上获取足够电能以支持较大的干扰功率,其快速机动的特点是便于灵活架设,能快速应对突发任务,因此,车载干扰可作为地面 GPS 对抗的主要手段。

2. 固定式 GPS 干扰

此模式为在重点攻防地点建立永久性的固定干扰站,固定式干扰能够获得强干扰功率并对目标进行极强的功率压制,有效干扰距离也相对较远。缺点为设备体积与质量大,需要人员长期维护与操作。这种干扰方式适合在机场、监狱、发电站等需要重点防御的目标处架设。

3. 背负式 GPS 干扰

此模式下,安防工作人员背负携带轻便的 GPS 干扰机,在有突发任务时能快速部署,随时开启与关闭干扰设备,它体积小、质量轻,设备操作简单,适合在大型集会、重要会议召开场所、重要人物出行等短期安防中部署。

三、干扰信号类型

对 GPS 接收机的干扰信号主要类型有宽带高斯噪声、窄带噪声、扫频连续波、均匀分布随机码调噪声等。其中,最主要的压制干扰为宽带高斯噪声干扰,而最有效的干扰信号为使用相同码速率的扩频码并生成的功率谱与 GPS 信号重合的调相噪声。以下讨论几种重要的干扰源信号产生方法。

(一)宽带噪声干扰

宽带高斯噪声干扰又称为全频带干扰,其在干扰目标的整个通信频段内辐射高斯白噪声。宽带噪声的生成方法流程图如图 6.7 所示,先生成全频带的高斯白噪声并经过低通滤波器,设定干扰功率后调制到目标载频。

图 6.7　宽带噪声产生流程图

(二)窄带噪声干扰

窄带干扰为带宽远小于目标通信频带的干扰,常见的有单音干扰、多音干扰、窄带 AR 随机过程干扰、窄带 ARMA 随机过程干扰等。

单音干扰为发射单个正弦信号,多音干扰为多个单音干扰的组合,其表达式可表示为

$$J(t) = A\sin(\omega t + \varphi)$$

式中,A 为干扰信号振幅,影响干扰功率;ω 为干扰频率;φ 为初始相位。

第三节　GPS 欺骗干扰

一、转发式欺骗干扰

从前文第二章第三节中介绍的卫星定位原理可知,GPS 接收机的位置解算是建立在与各颗卫星的几何距离 P_i 上的,而 P_i 由 PRN 的传播时延来计算,GPS 欺骗干扰思想为:通过人为的方式改变 GPS 信号到达接收机的传播时延,使得接收机计算出的离卫星的几何距离出现偏差,从而使接收机解算出错误的自身位置信息。

转发式欺骗干扰模式下,干扰机接收到 GPS 信号后不对其做任何修改,对各颗卫星的信号做不同的时延并放大后进行转发,只要转发信号功率大于真实 GPS 信号功率,欺骗信号就完全有可能进入接收机的跟踪环路,此时接收机就会计算出错误的距离信息 σ_i,可表示为

$$\rho_i = P_i + ct_u + c\Delta\tau_i$$

式中,t_u 为卫星钟差、接收机钟差以及电离层和对流层影像产生的延时;$\Delta\tau_i$ 为人为引入的转发延时。转发式欺骗干扰示意图如图 6.8 所示。

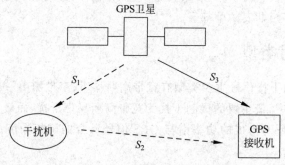

图 6.8　GPS 转发式欺骗干扰示意图

图 6.8 中,实线表示 GPS 信号直接传输到 GPS 接收机的传播路径,虚线为经过干扰机转发后的信号传输路径。

转发式欺骗干扰引入的传播时延包括自然时延和人为时延两部分,其中,自然时延为卫星信号经干扰机到达接收机比卫星信号直接到达接收机多花费的时间,主要受干扰机、GPS 卫星、GPS 接收机相对位置影响,可表示为

$$\Delta\tau = \frac{S_1 + S_2 - S_3}{c}$$

同一部干扰机转发的所有 GPS 卫星信号的自然时延都相同,只受干扰机与接收机地理位置影响,在此基础上,可以针对每一颗可见的卫星信号设置自定义的人为时延,从而改变 GPS 接收机解算出的自身定位信息。考虑 4 颗可见卫星的情况下,引入自然时延和人为时

延的伪距测量方程组为

$$\begin{cases} \rho_1 = \sqrt{(x-x_1)^2 + (y-y_1)^2 + (z-z_1)^2} + ct_u + c\Delta\tau + c\Delta\tau_1 \\ \rho_2 = \sqrt{(x-x_2)^2 + (y-y_2)^2 + (z-z_2)^2} + ct_u + c\Delta\tau + c\Delta\tau_2 \\ \rho_3 = \sqrt{(x-x_3)^2 + (y-y_3)^2 + (z-z_3)^2} + ct_u + c\Delta\tau + c\Delta\tau_3 \\ \rho_4 = \sqrt{(x-x_4)^2 + (y-y_4)^2 + (z-z_4)^2} + ct_u + c\Delta\tau + c\Delta\tau_4 \end{cases}$$

式中,$\Delta\tau_{1\sim4}$ 为对不同卫星添加的人为时延;$\Delta\tau$ 为自然时延。我们可以控制不同卫星的人为时延的长短,从而使得 GPS 接收机认为自身处在我们设定的欲欺骗位置,人为时延的设置可通过图 6.9 中模型确定。

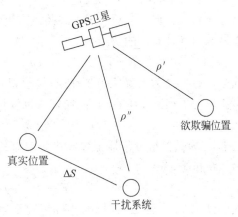

图 6.9　人为时延设置模型图

当干扰系统定点部署后,可根据上式在各路 GPS 信号传输过程中引入相应人为时延,最终使得 GPS 接收机将自身错误地定位到我们设定的欲欺骗位置。

2011 年 12 月,一架由美国生产的 RQ-170"哨兵"无人侦察机在入侵伊朗领空 250km 时被捕获。就伊朗如何缴获"哨兵"无人侦察机可谓众说纷纭。伊朗的一位工程师描述了他们缴获该无人机的过程:一开始屏蔽无人机的通信线路,切断其与地面控制中心的联系;同时打断它跟 GPS 卫星之间的安全数据连接,迫使其进入自动导航状态。这时利用转发欺骗干扰技术,把错误信息包装成看起来可靠的 GPS 信号,进而掌握精确的降落海拔和经纬度数据,使其降落在指定地点,而整个过程中无须破解无人机与指控中心的远程控制及通信信号。2012 年 12 月,伊朗革命卫队在海湾水域以同样方法再次捕获一架美军"扫描鹰"无人侦察机。

从伊朗方面提供的缴获无人机的过程可以明显看出:成功利用 GPS 转发欺骗干扰技术诱骗无人机,需要由干扰机产生可靠的 GPS 信号。伊朗方面是先切断无人机接收军用定位信号,然后用民用欺骗信号诱骗了无人机。

二、生产式欺骗干扰

生产式欺骗干扰拟定自定义的卫星导航信号,诱导接收机接收到此伪造信号后,接收机便会解算出错误的导航定位信息。由于 GPS 信号体制公开,并且导航信息具有良好的稳定性及可预测性,这些特点为导航信号的伪造提供了必要条件。

1. 卫星信号伪造

调制与载波 L1 上的卫星信号可表示为

$$S_{L1}(t) = AC(t-\tau)D(t)\cos(\omega_{L1}t + \varphi_{L1})$$

式中,A 为信号振幅;$C(t-\tau)$ 为 C/A 码以及初相;$D(t)$ 为导航数据信号。

GPS 卫星信号伪造分为导航数据伪造以及 C/A 码调制方式伪造。GPS 接收机接收完整的卫星星历数据需要不到 1min 的时间,并且可以完全预测未来 2h 内的星历数据,而接收机接收完整的导航信息用时约为 12.5min,这为伪造卫星导航数据提供了充足的时间。C/A 码调制方式伪造为使用其他可见或不可见卫星的 C/A 码对伪造信号进行调制,接收机进行码相位对齐时会产生时间上的延迟或提前,最终导致伪距测量值错误,从而达到欺骗目的。

2. 伪距构造

设干扰设备位置为 P,接收机实际位置为 L,欺骗信号发送时刻相对导航电文的时间偏置为 $P-L$,伪造卫星位置为 P',欲使接收机解算位置为 L',示意图如图 6.10 所示。

干扰设备向接收机广播欺骗信号,接收机捕获后根据欺骗信号计算出的伪距为

$$R = |P-L| + c\delta$$

式中,$|P-L|$ 为干扰机位置 P 与接收机位置 L 之间的距离。为了达到欺骗目的,欲使接收机解算出的伪距为

$$R' = |P'-L'| + c\delta'$$

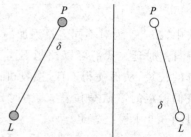

图 6.10 伪距构造示意图

式中,δ' 为真实信号传播至接收机时应有的时间偏置,另两伪距相等,有

$$|P-L| + c\delta = |P'-L'| + c\delta'$$

式中,P,P',L' 待定,可根据实际情况设置其中两个变量的值,求解出第三个变量,使得接收机错误定位在任意位置。

3. 捕获及跟踪环路入侵

当接收机处于载波搜索阶段时,接收机会以最大相关积分对应的值作为捕获输出,若接收机尚未处于跟踪状态,则接收机会捕获到功率较高的欺骗信号并进入跟踪环路。当接收机已经处在真实卫星信号的稳定跟踪状态时,接收机本地复现码和卫星信号伪码已经实现了精确同步,此时只有欺骗信号伪码相位与本地伪码相位相差小于 1 个码元宽度时,欺骗信号才能依靠功率优势被接收机跟踪环路锁定,这时,可以对干扰机进行一段时间压制干扰,迫使接收机进入搜索状态后实施欺骗干扰。

第四节 适 用 设 备

一、无人机反制枪

(一)简介

无人机反制枪是无人机防控领域的电磁信号定向阻断设备。无人机反制枪发射电磁干扰信号,切断无人机的遥控、图传与导航信号,从而迫使无人机返航、迫降。该设备适合单兵使用,可用于油气库、化工园区、监狱、政府机关等所在要地的无人机防控,也可用于大型活动保障。反制枪如图 6.11 所示。

(二)功能特点

(1)支持多频段干扰,覆盖遥控、图传与导航信号干扰。

(2)采用定向天线设计,干扰信号增益大,无须精确瞄准。

图 6.11　反制枪

（3）采用锂电池模块，可现场更换电池或适配多种供电方式。

（4）支持多种观瞄配件，满足不同场景需求。

（5）整机集成度高，使用保养方便。

（6）人体工学设计，整机重量轻，使用、携带方便，适合单兵使用。

（三）性能指标

无人机反制枪反制机性能指标见表 6.1。

表 6.1　组成模块参数（干扰模块可根据应用需求配置）

工作频率/MHz	应　用	输出功率/W
1560～1620	GPSL1	10
2400～2486	2.4GHz 无人机遥控和图传	10
5720～5850	5.8GHz 无人机遥控和图传	5
5230～5340	5.2GHz 无人机遥控和图传	5
输出总功率		30

作用距离半径：1500m，定向 20°。

供电方式：锂电池供电，充电电压 220V，充电时间 2h。

电池容量：24V，8000mAh，连续满功率工作 1.5～2h，待机时间＞480h。

整机：主机重量：≤5kg；主机尺寸：800mm×90mm×240mm。

环境参数。

工作温度：-25～55℃。

储存温度：-40～70℃。

湿度：＜90%。

防护等级：IP65。

二、平板式反制设备

（一）简介

便携式平板反制设备是无人机防控领域的电磁信号定向阻断设备。无人机反制设备发射电磁干扰信号，切断无人机的遥控、图传与导航信号，从而迫使无人机返航、迫降。设备适合单兵使用，可用于油气库、化工园区、监狱、政府机关等所在要地的无人机防控，也可用于大型活动保障，以及反制设备不便出现的场合，如图 6.12 所示。

（二）功能特点

（1）启动快：设备展开时间 3s 内进入待机状态，设备进入工作状态 1s 内可形成有效电

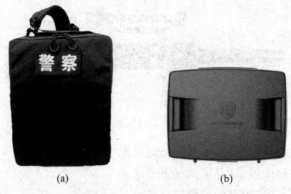

(a)   (b)

图 6.12 平板式反制设备

子对抗。

　　(2) 易使用:一键式拦截,无须长按发射开关,解放双手。

　　(3) 工作方式多样:可手持、可背负、可架设。

　　(4) 供电灵活:内置电池和外置电源双重供电。

　　(5) 使用灵活:体积小,重量轻,易运输(满足航空运输要求)。

　　(6) 无须瞄准:信号覆盖角度大。

(三) 性能指标

平板式反制设备性能指标见表 6.2。

表 6.2 组成模块参数(干扰模块可根据应用需求配置)

工作频率/MHz	应　　用	输出功率/W
1555~1630	GPSL1	5
2400~2486	2.4GHz 无人机遥控和图传	10
5700~5920	5.8GHz 无人机遥控和图传	10
输出总功率		25

设备尺寸:长 380mm×宽 97mm×高 297mm。

设备质量:不大于 3.5kg。

总发射时间:不小于 1h(间隔发射 30s 停止 90s)。

连续发射时间:不小于 5min。

环境工作温度:−20~50℃。

环境防护等级:IP65。

防静电等级:符合 GB/T 17626.2 标准。

电磁辐射等级:符合 GB 8702—2014 标准。

三、全向反制设备

(一) 简介

　　无人机全向反制设备是无人机防控领域的电磁干扰反制设备。设备通过发射无线电信号,在特定区域形成电磁信号屏蔽,阻断无人机 GPS 导航、遥控、图传信号的接收,使无人机无法进入管控区域或者使其迫降。可用于油气库、化工园区、监狱、政府机关等所在要地,也可用于大型活动保障,防止无人机入侵,如图 6.13 所示。

图 6.13　全向反制设备

（二）功能特点

（1）24 小时不间断工作,支持默认开启模式、人工开启模式等多种工作模式,形成 360°全向保护。

（2）支持远程操作,开启和关闭各频频率模块,支持驱离模式和迫降模式。

（3）干扰输出功率软件可调,适配防区范围大小,减少对周边环境的影响。

（4）支持一键启动干扰。

（5）可与无人机侦测设备联动开启干扰。

（6）干扰模块采用可拔插式模块化设计,每个模块采用可单独拔插,方便维护,升级;任意模块的故障,均不会影响其他模块的正常运行。

（7）支持多点部署,组网应用,统一平台管理。

（三）性能指标

组成模块参数(干扰模块可根据应用需求配置)。

作用距离半径 1000～1500m,水平方位 360°。

1．工作频率和功率

功率	工 作 频 率
GPS	工作频率 1520～1580MHZ,功率 50W
2.4GHz	工作频率 2400～2485MHZ,功率 80W
5.8GHz	工作频率 5725～5850MHZ,功率 20W
通信接口	以太网(RJ-45 接口)
供电方式	AC220V

2．整机

主机重量:≤70kg(根据配置的模块不同有差异)。

主机尺寸:710mm×450mm×320mm。

3．环境参数

工作温度:－25～55℃。

储存温度:－40～70℃。

湿度:＜90％。

防护等级:IP65。

储存温度:－40～70℃。

湿度:＜90％。

防护等级:IP65。

四、导航诱导反制设备

（一）简介

无人机导航诱导设备可发射模拟信号，可模拟直线运动或圆周运动轨迹，当无人机接收到模拟信号，定位位置切换到模拟坐标位置，使无人机降落、驱离或在禁飞区无法起飞，无法进入目标区域；无人机导航诱导设备可模拟民用导航信号，包括 GOLONASS 和 GPS，模拟坐标位置可设置；可用于油气库、化工园区、监狱、政府机关所在地等要地，也可用于大型活动保障，防止无人机入侵，如图 6.14 所示。

图 6.14 导航诱导反制设备

（二）功能特点

（1）设备开启后可 24 小时工作，无人值守，自动更新星历。

（2）支持快速开启模式，设备上电后可自动开启。

（3）支持远程操作，人工开启或关闭设备。

（4）输出功率软件可调，适配防区范围大小，减少对周边环境的影响。

（5）全向发射，支持 360°保护。

（6）可以模拟直线运动和圆周运动。

（三）性能参数

（1）信号发射功率≤10mW。

（2）作用距离半径≥500m，水平方位 360°。

（3）通信接口：以太网（RJ-45 接口）。

（4）供电方式：AC220V。

1. 整机

主机重量：＜20kg。

主机尺寸：500mm×400mm×220mm。

2. 环境参数

工作温度：−25～55℃。

防护等级：IP65。

工作功耗：＜35W。

发射信号中心频率：1575±5MHz，1602±5MHz。

辐射安全，信号发射时，辐射满足 GB 8702—2014 标准。

第五节　设备安装与操作

一、便携式反制设备

（一）设备指示灯

5.2GHz：5.2G 遥控/图传信号干扰模块接通指示。

GPS：导航信号干扰模块接通指示灯。

2.4GHz：2.4G 遥控/图传信号干扰模块接通指示。

5.8GHz：5.8G 遥控/图传信号干扰模块接通指示，如图 6.15 所示。

图 6.15　设备指示灯

（二）电量显示窗

电量显示窗如图 6.16 所示。

(a) 不显示状态　　　(b) 按一下，显示剩余电量(待机)　　(c) 再按一下，显示电压

图 6.16　电量显示窗

（1）屏幕的显示状态可以通过屏幕右下角的 ▉▉ 按键来调节。

（2）当屏幕显示电量状态，同时按下反制开关，剩余电量数值为工作状态剩余电量，松开反制开关，剩余电量数值显示待机状态剩余电量。

（三）使用指南

（1）主机与电池连接线连接并拧紧，如图 6.17 所示

（2）安装 4 颗螺丝并拧紧，如图 6.18 所示。

图 6.17　主机与电池连接　　　　　图 6.18　安装 4 颗螺丝并拧紧

（3）按下电量显示按键,查看剩余电量,如图 6.19 所示。

（4）按下对应频道的金属按键。可选择一个或者多个频道,如图 6.20 所示。

图 6.19　查看剩余电量

图 6.20　频道选择

（四）使用注意事项

（1）将电磁干扰枪指向目标无人机,无须精确瞄准,扣动扳机发射电磁干扰信号。按下时对应频道的蓝色灯蓝。

（2）通过瞄准镜或目视,观察无人机的动态变化,转动电磁干扰枪实施指向跟随,持续保持干扰压制,直至无人机迫降/或者被驱离。

（3）因电磁干扰枪所发射电磁信号具有一定的辐射功率,切勿近距离对准人员和其他非目标电子设备照射。

（4）四通道全开可以达到迫降无人机的效果,开启除 GPS 以外的三通道可以起到驱离无人机的效果。

（5）建议有效距离:

通　道	有　效　距　离
5.2GHz	建议 1500m 以内
GPS	建议 500m 以内
2.4GHz	建议 1500m 以内
5.8GHz	建议 1500m 以内

二、全向反制设备

（一）服务端配置要求

操作系统:64 位 Windows7 及以上。

硬盘:1TB 以上。

内存:4GB 以上。

1. 客户端计算机配置要求

操作系统:64 位 Windows7 及以上。

硬盘:1TB 以上。

内存：4GB 以上。

2. 服务器软件安装

运行安装文件 SDServer- ，安装路径为 D:\SD_server，安装服务端程序。

3. 客户端软件安装

运行安装文件 SDTerm- ，安装路径为 D:\SD_server，安装客户端程序。

（二）运行服务器程序

（1）运行服务器程序 ，进入服务端程序，如图 6.21 所示。

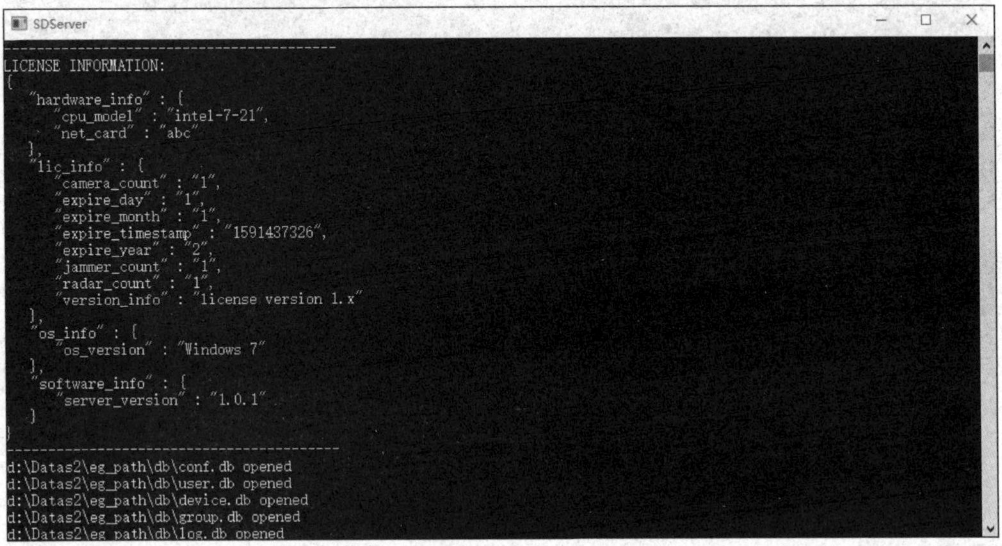

图 6.21　服务端程序开启界面

（2）待服务端程序开启完成后开启客户端程序，首次运行时客户端开启时间较长，如图 6.22 所示。

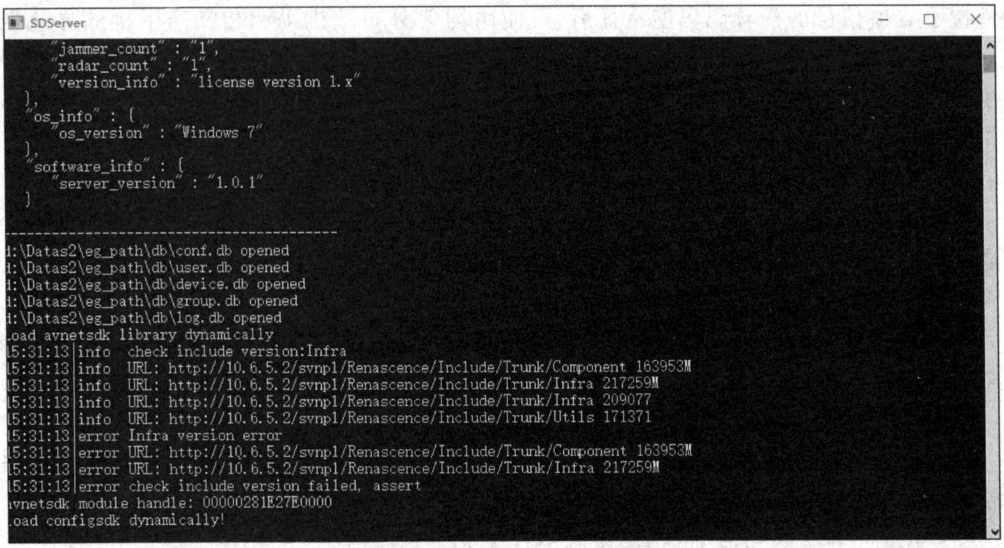

图 6.22　服务端程序开启完毕

（三）登录客户端

登录客户端▨，进入客户端登录界面，如图 6.23 所示。客户端账号和密码均默认为 admin，默认保存在登录界面

图 6.23　客户端登录界面

第六节　反制技术小结

1. 干扰效果分析

无人机导航信号干扰能够迫使无人机无法解算或解算出错误的自身位置信息，但无法阻止无人机受遥控器的操纵，因此一般作为无人机数据链干扰的补充，以便达到干扰目的。当掌握了导航信号的扩频码码型特征后，可使用均匀分布随机码调相噪声干扰的方式取得更好的干扰效果，当对导航信号无相关先验知识的情况下，使用宽带噪声干扰机窄带噪声干扰也能取得很好的干扰效果且设备实现简单，成本更低。以下对不同的干扰设备开机策略分析干扰效果。

（1）压制干扰无人机导航信号，不干扰无人机测控信号。

当干扰了无人机导航信号后，无人机仍然能够根据遥控设备指令行事，但无人机航迹会同时受到风向与风速影响，表现为飞行航迹大体遵从遥控指令，但飘忽不定，无人机作业难度加大。

（2）不干扰无人机导航信号，只干扰无人机测控信号。

此时无人机无法接收遥控设备指令，但能根据导航定位信息执行基于返航、悬停或降落的应急响应。

（3）同时压制干扰无人机导航信号及测控信号。

此时无人机既无法接收遥控指令，也无法通过导航信号精确定位，无人机将只能迫降至地面或悬停至空中，被动等待干扰方的捕获。

（4）欺骗干扰无人机导航信号，压制干扰无人机测控信号。

无人机无法接收遥控设备控制指令，通过欺骗干扰的方式使得无人机计算出干扰方期

望的位置信息,从而引导无人机飞行至欲欺骗位置。这种干扰策略能够轻易捕获目标无人机并在干扰过程中做到最大限度规避风险,但成本高昂。

从干扰后无人机行为来看,不同开机策略情况下,无人机将表现出返航、降落以及悬停的应急响应,基本能够达到民用领域的无人机反制目的。

2. 干通比

由于实际无人机与地面控制站的通信距离(斜距)无法得知,仅以一种情况来分析干通比作为参考。以某典型四旋翼无人机为例,对地面人员的发现距离估算为 400m,即禁空区半径 $R_{禁空区} \geqslant 400m$,$R_{禁空区}$ 可认为是干扰设备到无人机的距离(斜距),无人机相对系统的高度在 20~1000m,假设无人机垂直起飞作业,这时相对系统的任务高度即为无人机与地面控制站的通信距离,此时干通比应大于或等于 20:1。

第七节　无人机受到干扰后情况

无人机数据链通信负责无人机遥控器上行控制指令及无人机下行图传和状态信息的传输,当切断无人机于遥控设备的通信后,无人机将根据预设失控行为进行应急响应,旋翼无人机的失控行为包括悬停、返航、降落,固定翼无人机失控行为包括返航和空中盘旋。以下是对无人机数据链、导航系统干扰生效后几种失控行为的响应模式做简要介绍。

悬停或空中盘旋:无人机失去和遥控器联系后,若失控行为设定为悬停。

(1)旋翼无人机或空中盘旋(固定翼无人机),无人机将根据当前导航定位信息尽量停留在当前位置,直到续航能力耗尽后坠落或迫降。

(2)返航:无人机设定失控行为为返航后,无人机将根据导航系统指引飞行至起飞地点上空并降落。

(3)降落:无人机设定失控行为为降落后,当断开与遥控器通信后,无人机将缓慢垂直降落至地面。

因此,实际应用中,切断无人机数据链通信后,若无人机悬停在空中,可使用 GPS 干扰设备进行干扰;若无人机缓慢降落,可疏散地面人群并清理地面设施及财物,当无人机降落至地面后抓捕;若无人机返航,则只能完成无人机驱离目标,当无人机在较远距离降落或脱离干扰有效范围时,无法轻易地对无人机进行捕获,可提前通知地面人群。值得注意的是,当无人机导航定位信号被有效干扰后,由于无人机无法精确地进行自身定位,将表现出位置摆动和出现航迹偏差的问题,可能对周围财物及人身安全造成二次伤害,因此,应根据实际应用场景,合理选取干扰策略。

习　　题

1. 通过本章的学习,我们了解了几种可靠的无人机反制技术,请同学们简单归纳这些技术的原理和反制原理。

2. 简单描述本章所学的三种无人机反制技术各自的优缺点。

3. 简单描述本章所学的四种无人机反制设备的局限性。

第 七 章

防控案例及模拟对抗演练

第一节　机场、要地防控方案

典型机场部署方案主要包括固定式部署方案和移动式部署方案,如图 7.1 所示。

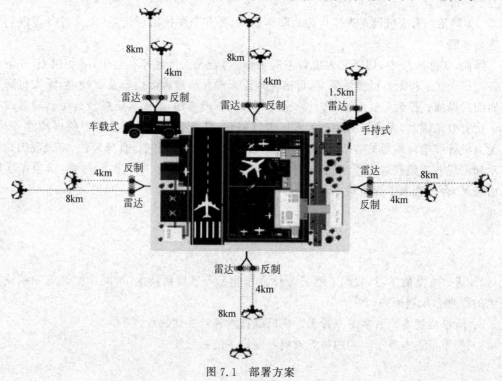

图 7.1　部署方案

一、固定式部署方案

固定式部署方案属于长期部署方案,适用于机场防控范围长期保持基本不变的情况。通常机场规划中,其净空保护范围就确定了,因此除分期建设的机场外,大部分情况适用于固定式部署方案。固定式部署方案包括单点部署方案和联机部署方案两种。

单点部署方案指部署的系统中仅包括一套探测、跟踪和反制系统,适用于防护范围要求较小、拦截概率要求不高的情况。当然在机场反无人机部署初期也可以选择单点部署方案进行实验性部署,当成熟后转为联机部署方案。

联机部署方案指部署的系统中包括超过一套的探测、跟踪和反制系统,适用于防护范围要求广、拦截概率要求高的情况。根据目前该系统的基本技术参数以及机场净空保护方位的要求,如果要实现机场净空范围内全面防护则必须使用联机部署方案。

(一)单点部署方案

单点部署方案通常采用中心部署方法,即将防御系统安装在被保护区域的中心位置,以便达到最大的预期防护范围,如图 7.2 所示。

图 7.2 典型中心型单点部署方案

典型的单点部署方案情况下,按照系统技术指标,能够发现无人机的范围是以部署点为圆心的半径为 5km 的范围,如图 7.3 所示。

以某机场为例,其起降跑道长度为 2km,按照单点中心部署方案。从部署图中可以看出,单点部署对于机场来说,其发现距离可以满足场内防护要求,但其反制能力不能保护整个机场,如图 7.4 所示。

(二)联机部署方案

联机部署方案通常根据机场实际情况进行部署,基本原则是以最低的设备成本覆盖最大可能的防御范围。联机部署情况下,在后端管理设备和控制中心增加联机控制软硬件设备,实现多套发现、跟踪和反制设备的联动,以便达到最大的预期防护范围,如图 7.5 所示。

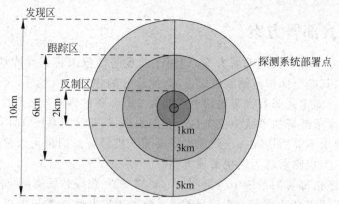

图 7.3　典型中心型单点部署方案情况下的保护范围

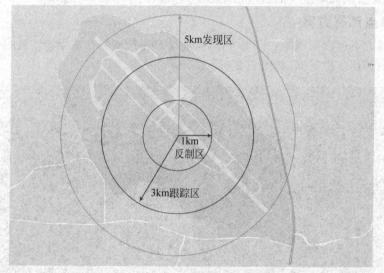

图 7.4　某机场中心型单点部署方案示例

图 7.5　典型联机部署方案

由于在联机条件下要至少保证跟踪范围相连,因此最多以 3km 的范围进行扩展,此时发现范围有所重叠,部署两套设备情况下,发现范围最大为 16km,如图 7.6 所示。

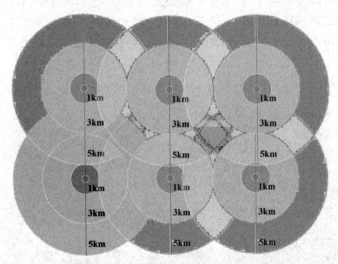

图 7.6 典型联机部署方案下防控范围

联机方案中,发现、跟踪和反制设备不是 1∶1 配置的,而是根据实际情况设置不同的数量,通过控制中心整体协调和控制。以某机场为例,其起降跑道长度为 3.8km,按照联机部署方案,其效果图如图 7.7 所示。

图 7.7 某机场联机部署方案示例

二、移动式部署方案

移动式部署方案用于应急部署,或者根据用户需求临时增加配置时使用,移动式方案中的发现、跟踪和反制系统为车载式,可在普通铺装公路上行进,并具备一定的越野能力。该车载系统能够实现在行驶过程中进行发现、跟踪和反制,非常有利于紧急情况下快速反应。

（一）单点部署方案

单点移动式部署方案与单点固定式部署方案类似,通常也采用中心部署方法,即将防御系统安装在被保护区域的中心位置,以便达到最大的预期防护范围,但实际中考虑到实际道路可通达的情况和障碍物遮蔽情况,通常选取接近中心最便利的部署位置,如图7.8所示。

图7.8　典型单点移动式部署方案

联机部署情况下,其防控范围如图7.9所示。

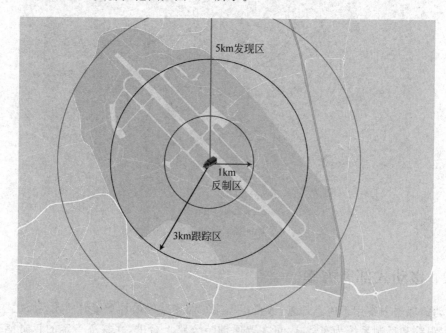

图7.9　某机场移动式单点部署方案示例(地图)

单点部署时,后端管理中心就设置在车载终端中,操作人员也在车辆上操作,非常便于部署和使用。单点移动式部署的最大好处是响应速度快,可以迅速在行驶过程中就开始工作,及时处理入侵无人机。单点移动式部署可用于小范围紧急突发情况处理,也可作为固定式部署的有益补充和应急备份。

(二)联机部署方案

联机移动式部署方案是同时部署多台车载终端,可以覆盖更大的防护范围,如图 7.10所示。

图 7.10　典型联机移动式部署方案

联机部署情况下,其防控范围如图 7.11 所示。

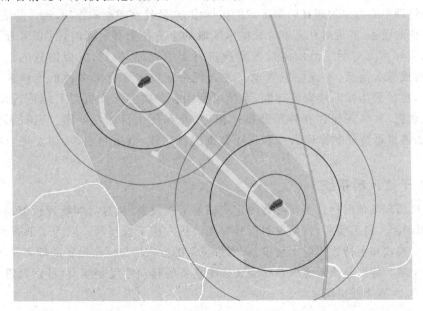

图 7.11　某机场移动式联机部署方案示例(地图)

联机部署时,根据部署的规模大小,后端管理中心可以设置在车载终端中,也可以设置在固定地点。当部署在车载终端时,由其中一台指定终端车辆担任总控工作,操作人员也在车辆上操作,其余车辆终端转换至联动状态。

三、典型部署方案比较

下面通过表格形式给出不同典型部署方式的特点,见表7.1。

表 7.1　不同部署方案对比

序号	部署方式	机动性	防控范围	可扩展性	优　　点	缺　　点
1	单点固定部署	无	小	有	价格便宜,便于部署和长期使用,后期可扩展	防控范围小
2	联机固定部署	无	大	有	防控范围大,根据需要部署	需要定制部署方案,周期较长,一旦部署修改困难
3	单点机动部署	强	小	有	机动性强,能够在移动中工作,响应快速	防控范围小
4	联机机动部署	较强	大	有	防控范围大,机动性强,可根据需要部署	价格较高,需要指定控制中心,调整移动终端工作状态,具有一定延迟

四、定制部署需要考虑的问题

(一)管理中心

后端管理中心可以部署在防御区域的指挥中心、监控室或车载终端,通过网络连接多个前端信号获取设备,实现对涉密单位和敏感区域的全方位管控;同时,后端管理预警设备还可根据实际情况对所辖范围内监控资源进行集中管理、控制,完成信息的汇集、整合、处理等,形成综合信息,实现应急联动。无人机特征数据库自带多种低空慢速小目标无人机特征,在预警防御系统安装初期,系统可利用各种类型无人机对系统进行反复训练,优化系统数据,并将其保存在特征数据库里,填充和优化目标特征库。当有无人机靠近时,系统能够根据特征数据库数据和现场数据进行比较,做出判别,从而发现目标并发出预警。

(二)干扰反制系统

根据机场现场情况建议主要部署固定式辐射干扰设备,通过后端管理预警设备自动联动,在侦测到无人机入侵后,自动发射信号对无人机实施干扰反制。但为了部署的便利,可增加配置车载式和手持式辐射干扰设备,通过灵活的方式增加反制设备的部署灵活性,能够及时做出反制。特别是该系统车载移动式终端具备的移动中反制能力,可以对紧急情况做出快速响应,大幅降低机场风险。

（三）溯源系统部署

溯源定位分系统是系统的高级配置，当用户需要时进行配置。溯源定位分系统主要包括 2 架溯源追踪无人机。追踪无人机平时停靠在指定地点，当执行溯源任务时，1 架无人机起飞执行溯源任务（搜索发现入侵无人机控制者），另 1 架无人机待机备份，随时执行任务。

（四）联机部署

多传感器融合的前端信号获取设备需要根据现场情况进行部署。一般来说，建议沿涉密单位和敏感区域的物理防护周围部署多个前端信号获取设备，形成一个无缝的低空域反无人机防御系统。

第二节 目视侦察模拟对抗

一、模拟场地

以学校常规 400m 体育场或标准足球场为模拟场地，场地周围尽量不要有高大遮挡物。

如图 7.12 所示，A、B、C、D、E 五个点既可以由防守人员占领，也可以放置大小约 50cm×50cm 的白底广告板，上面由 A~Z 或 0~9 任意两字符组合的靶标。

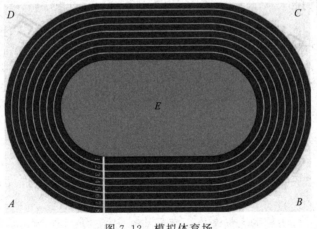

图 7.12 模拟体育场

二、规则要求

（一）单角度侦察及反制

一名防守人员，根据现场情况选择场地 A、B、C、D 四个位置中任意一个，如在 A 点面向操场方向进行侦察反制。

一名进攻人员在 800m 外，其所覆盖的角度内，操控无人机起飞，向操场飞行。在一定速度下，也可以飞折返航线或者从其他角度进入操场，规避防守人员的反制措施。

双方就位，由裁判在 E 点处放置好靶标后，开始计时进行模拟比赛。10min 内，进攻人员可在条件环境允许的情况下,从$\angle DAB$范围内任意位置处尝试不同高度、不同速度的飞行进入操场。而防守人员需要做的就是保持警惕,目视观察$\angle DAB$范围,如观察到无人机对比赛场地进行突破,迅速锁定目标,使用单兵反制设备,对其进行反制干扰,如开始迫降,可以前往预计位置附近准备捕获。

如干扰其成功迫降,则防守人员胜利;如进攻人员操控无人机穿越场地或拍摄到E点处靶标,则进攻人员胜利;如10min内无人机没有成功进入操场,则防守人员胜利。

(二)全向侦察及反制

两名防守人员,根据现场情况在场地A、B、C、D、E五个位置中选取任意两个位置进行侦察反制(位置可重复)。

两名进攻人员在操场800m外,操控两架无人机起飞,向操场飞行。在一定速度下,也可以飞折返航线或者从其他角度进入操场,规避防守人员的反制措施。

双方就位,由裁判在A、B、C、D、E五点处放置好靶标后,开始计时进行模拟比赛。10min内,进攻人员可在条件环境允许的情况下任意位置处尝试不同高度、不同速度的飞行进入操场。而防守人员需要做的就是保持警惕,目视观察范围,如观察到无人机对比赛场地进行突破,迅速锁定目标,使用单兵反制设备,对其进行反制干扰。

若干扰其成功迫降,则防守人员胜利;若进攻人员操控无人机穿越场地或拍摄到任意一处靶标,则进攻人员胜利;若10min内无人机没有成功进入操场,则防守人员胜利。

三、注意事项

(1)在一轮模拟过后,防守人员可以和进攻人员互换身份。

(2)为安全起见,不出现不必要的危险,所有人员需要提前了解场地有无树木、有无高大建筑物、有无制高点等信息。

(3)如有制高点,防守队员可以在制高点进行防守。

四、技术考核点

(1)让参与无人机防控的人员扮演进攻人员,可以更全面地从进攻人员的角度理解无人机防控问题。

(2)让参与无人机防控的人员全方面感受实际防控的整个流程,包括前期了解场地、固定角度防御无人机、全向防御无人机的全过程,再到迫降、捕获。

第三节　要地防控攻防模拟对抗

一、模拟场地

以赛方选定的基准点中心,划定边长为100m的正方形内防御圈、边长为400m的正方形外防御圈和半径5km的圆形边界的比赛区域。同时,在内防御圈布设模拟建筑(最大高度不超过10m)和道路、空地。靶机起飞点随机布设。

二、规则要求

比赛时间为 1h。攻击方先后出动 3 架各类靶机,含多旋翼无人机和固定翼无人机,在攻击扇区内对内防御圈实施突防。如图 7.13 所示,参赛队需在内、外防御圈之间提前布防,并有效反制(击落或驱逐)来袭无人机,防止无人机飞越内防御圈上空,或落/坠入内防御圈,或将模拟"炸弹"投掷到内防御圈内。

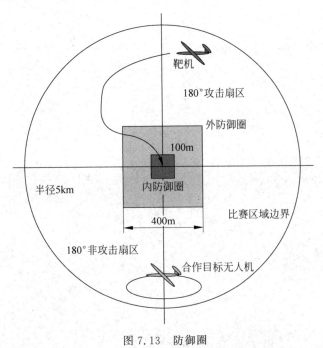

图 7.13　防御圈

裁判在非攻击扇区内设置合作目标无人机,要求参赛队不得击落、干扰合作目标无人机。

参赛队起始分数为 0 分,满分 100 分,及格分为 60 分。

参赛队在外防御圈外击落/驱离 1 架无人机,得分 20 分;在内、外防御圈之间击落/驱离 1 架无人机,得分 10 分;无人机飞越内防御圈上空,或将模拟"炸弹"投掷在内防御圈内,参赛队不得分;无人机被反制后坠入内防御圈,或者经过内防御圈上空后被反制,参赛队均不得分。参赛队每击落 1 架合作目标无人机,扣 20 分。

三、技术考核点

(1) 在简单背景下发现、识别、定位和跟踪目标无人机能力。

(2) 单项技术手段(包括电磁干扰、激光、网捕、机捕、撞击等)反制无人机的能力。

习　　题

1. 通过本章的学习,请简单描述不同部署方案的优缺点。

2. 通过本章的学习,我们了解了以机场为例的反制案例,请同学们总结后延伸一下,监狱和大型活动该分别如何部署？

3. 每名同学必须实际参与"目视侦察模拟对抗演练"中攻方和守方各 3 次以上；而"要地防控攻防模拟对抗"项目，则根据教学设备而确定。

4. 在同学们参与完"目视侦察模拟对抗演练"项目后，根据自己体会和感受，分别从攻方和守方两个视角，编写心得感受。

对违法违规飞行活动的处罚条例

《中华人民共和国飞行基本规则》

(2000 年 7 月 24 日由中华人民共和国国务院、中华人民共和国中央军事委员会发布)

《中华人民共和国民用航空法》

(1995 年 10 月 30 日由全国人民代表大会常务委员会审议通过)

《民用无人驾驶航空器系统空中交通管理办法》

(2016 年 9 月 21 日由中国民用航空局发布)

《民用机场管理条例》

(2009 年 4 月 13 日由中华人民共和国国务院发布)

《中华人民共和国军事设施保护法》

(1990 年 8 月 1 日起由全国人民代表大会常务委员会施行)

《民用无人机驾驶员管理规定》

(2016 年 7 月 11 日由中国民用航空局发布)

《无人机云系统数据规范》

(2019 年 10 月 22 日由中国民用航空局发布)

《民用机场无人驾驶航空器探测及反制系统通用技术要求》

(2019 年 7 月 2 日由中国民用机场协会发布征求意见稿)

参 考 文 献

[1] 吴森堂.飞行控制系统[M].北京：北京航空航天大学出版社,2013.

[2] 段连飞,章炜,黄瑞祥.无人机任务载荷[M].西安：西北工业大学出版社,2017.

[3] 陈军,等.卫星导航定位与抗干扰技术[M].北京：电子工业出版社,2016.

[4] 杨苡,戴长靖,孙俊田.无人机操控技术[M].北京：机械工业出版社,2020.

[5] 奥斯汀.无人机系统：设计开发与应用[M].陈自力,董海瑞,江涛,译.北京：国防工业出版社,2013.

[6] 吴德伟.无线电导航系统[M].北京：电子工业出版社,2015.

[7] 黄智刚,郑帅勇.无人机通信与导航[M].北京：北京航空航天大学出版社,2020.

[8] 基蒙·P.瓦拉瓦尼斯,乔治·J.瓦克.无人机手册(全5卷)[M].樊邦奎,赵炳爱,马静谨,等译.北京：国防工业出版社,2020.

[9] 鲁道夫·乔巴尔.玩转无人机[M].吴博,译.北京：人民邮电出版社,2015.

[10] 鲍凯.玩转四轴飞行器[M].北京：清华大学出版社,2015.

[11] 贾玉红.航空航天概论[M].北京：北京航空航天大学出版社,2013.

[12] 王勇,等.民用飞机无线电通信导航监视系统[M].上海：上海交通大学出版社,2019.

[13] 美国Make杂志.爱上无人机：原料结构、航拍操控与DIY实例精汇[M].陈立畅,等译.北京：人民邮电出版社,2017.

[14] 万刚,等.无人机测绘技术及应用[M].北京：测绘出版社,2015.

[15] 美国业余无线电协会.业余无线电：射频干扰解决全方案[M].陈平,孙宇昊,宫广骅,等译.北京：人民邮电出版社,2013.

[16] 苟彦新.无线电抗截获抗干扰通信[M].西安：西安电子科技大学出版社,2010.

[17] 杨华保.飞机原理与构造[M].西安：西北工业大学出版社,2016.

[18] 贾忠湖.飞行原理基础[M].北京：国防工业出版社,2016.

[19] Haim,Mazar.无线电频谱管理政策、法规与技术[M].王磊,译.北京：电子工业出版社,2018.

[20] 刘星,司海青,蔡中长.飞行原理[M].北京：科学出版社,2016.

[21] 陈金良.无人机飞行管理[M].西安：西北工业大学出版社,2014.